科学技术

KEXUE JISHU

九色麓 主编

二十一世纪出版社集团
21st Century Publishing Group
全国百佳出版社

目录

第八章　神奇的生物技术与医学

第九章　身边的科学

第十章　前沿科学

第十一章　科学问答式

第十二章　科学实验室

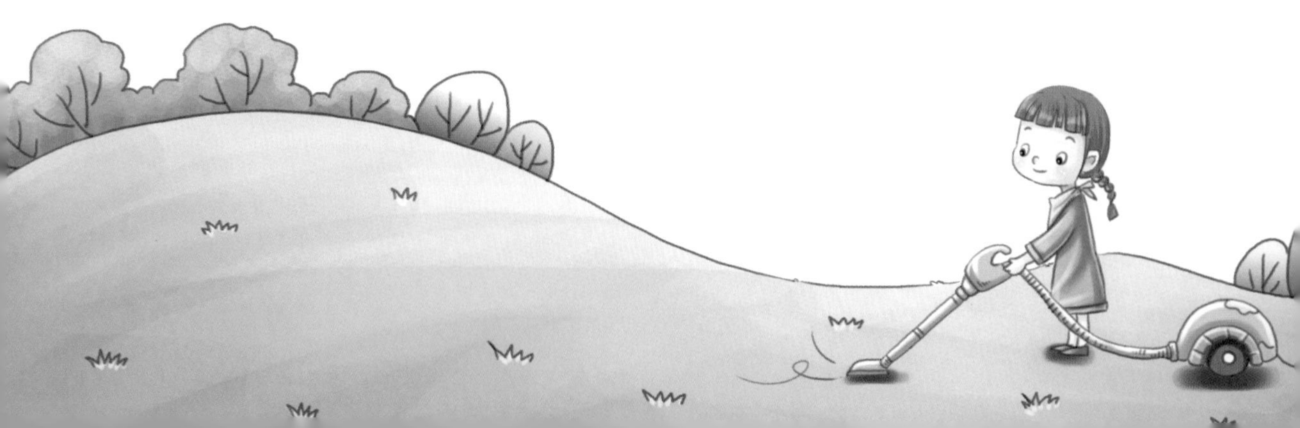

第一章

走进科学

经过几个世纪的探索与研究，科学技术在近代迅猛发展，成为推动社会发展的第一生产力，极大地促进了社会的变革，为人们的工作和生活带来了极大的便利。

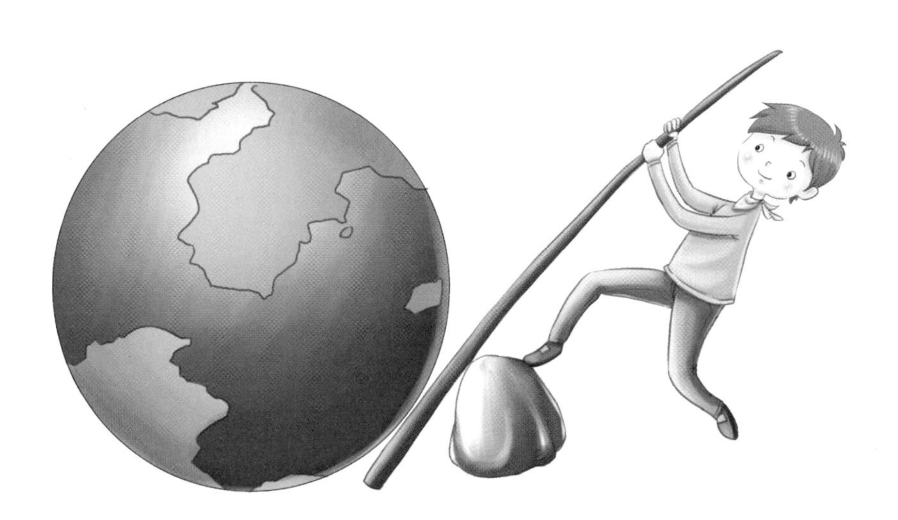

科学，听上去很“高端”，似乎与我们的日常生活没有太多联系。其实这种想法是错的，科学就在我们的身边！

有趣的科学问题

为什么我们没有看到太阳却能感受到热量？为什么向日葵会朝着太阳转？为什么我们的影像会出现在相机里？……其实，这些情况都可以用科学来解释。

科学的起源

在很久很久以前，人们用神话和传说来解释自然现象，但一些善于思考的人开始探寻隐藏在这些神话后面的科学道理，并努力研究存在于世界万物中的真理。

科学是什么

科学是如实反映客观事物固有规律的系统知识，但它并没有我们想象中的那么难。即使没有复杂的公式和图纸，我们也能理解科学！

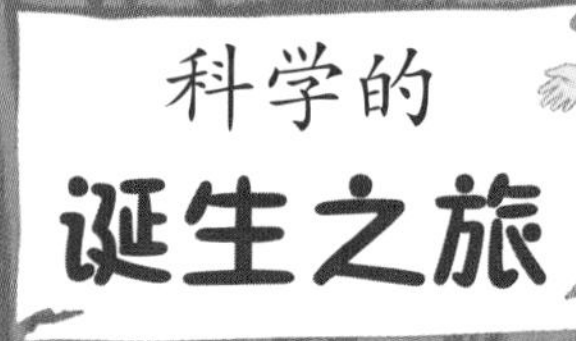

古希腊学者

早在2000多年前，就出现了亚里士多德和阿基米德这样的学者。阿基米德发现了杠杆原理以及阿基米德定律。

科学在人类发展历程中，起着至关重要的作用，人类社会的每一次重大发展都离不开科学技术的推动。

16世纪的伟大先驱

16世纪，在文艺复兴的影响下，欧洲涌现出很多伟大的学者，比如提出“日心说”的哥白尼，发现行星运动三大定律的开普勒，改进望远镜的伽利略。

近代科学的发展

18 世纪中期，瓦特改良了蒸汽机，引领第一次科技革命。

19 世纪七十年代，电力广泛应用，第二次科技革命开始。

20 世纪四五十年代，以核能、电子计算机等为代表的第三次科技革命开始兴起。

科学改变生活

19 世纪以前，伦敦街头还是马车的世界，但到了 20 世纪早期，这里到处是汽车、火车；到了 20 世纪晚期，普通人已经可以乘坐飞机去往世界各地了。这些改变，其实都是科学的功劳！

发明创造来自于生活与实践，然后又被用于指导实践，这一点最好的表现就是应用科学。

服务人类的科学

人们利用陶土的特质烧制陶瓷，以此作为生活器具；用制冷剂制造冰箱和空调，让人们生活得更惬意；电视、广播、互联网的发明，让人们足不出户而知天下事……这些都是科学带来的好处。人们探索科学，并享受科学带来的成果。

第二章

能量、力、电、磁

我们的生存需要能量，晚上使用的电灯需要能量，外出乘坐的交通工具也需要能量，等等。这些能量可能是电能，也可能是热能，还可能是太阳能……

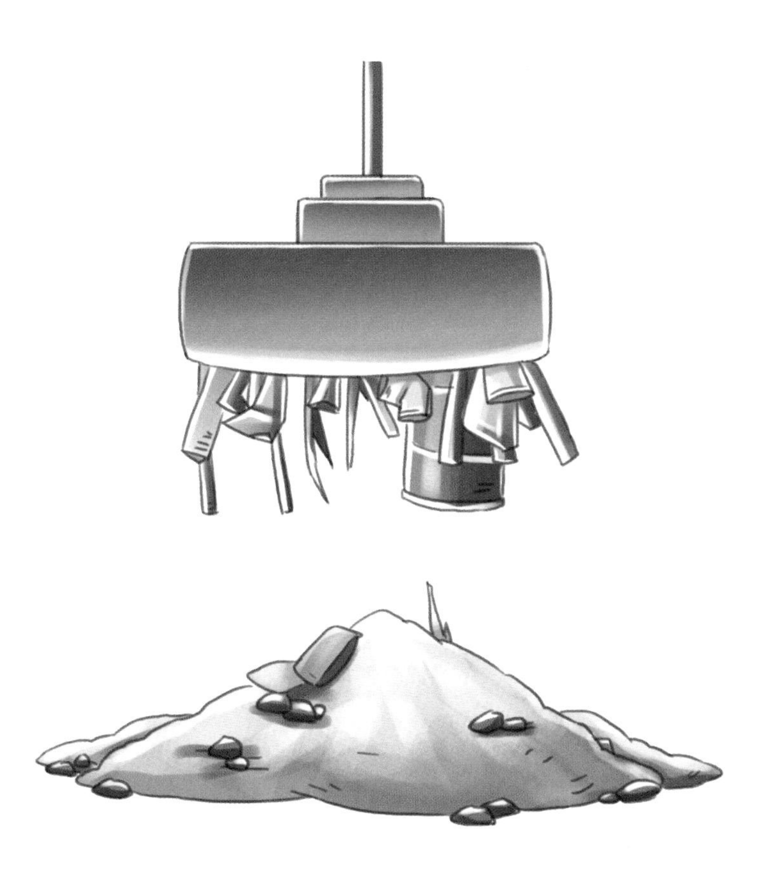

走路、踢球、游泳——我们总是在不停地运动，运动离不开能量，而我们从食物中获取能量。

无处不在的能量

很多东西都蕴含着能量，像水和风这样在活动的东西有能量，像火这样在燃烧的东西也有能量。但你要知道，地球上大多数能量都来源于太阳。

来自风的能量

风是一个神奇的“家伙”，它产生的能量既能让风筝飞上高空，也可以使帆船在水面航行，甚至可以利用它来发电，照亮夜空。

来自燃烧的能量

所有的燃料在燃烧时都是一样的，热量使得它分解并转化成其他的东西，比如蜡烛。燃料分解时会释放能量，这些能量一部分是光，一部分是热。

当汽油在汽车发动机里燃烧时，它释放的热能会推动发动机开始运转，从而使汽车动起来。

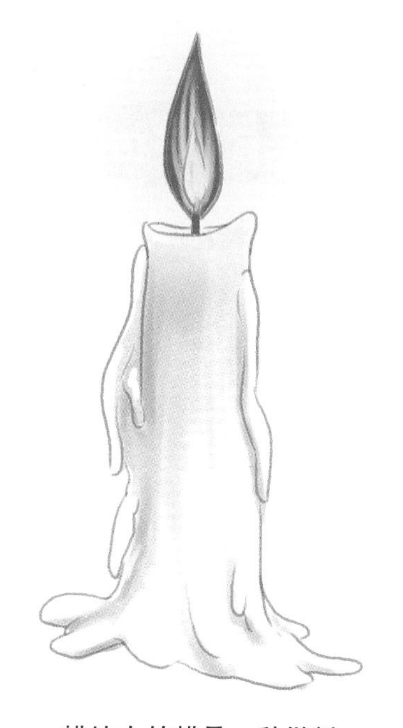

蜡烛中的蜡是一种燃料

来自太阳的能量

太阳能是地球上几乎所有生命能量的源头，生命的生存都离不开它。而我们人类，还能利用太阳能改善生活，如用太阳能发电、照明、烧水，还能把太阳能储存起来制成太阳能电池。太阳能电池在外太空的作用非常重要，许多卫星都是依靠太阳能电池获得能量。

来自原子的能量

世界上所有的东西都是由原子组成。使用特别的机器和技术可以把某些种类的原子再分成更小的部分。当原子分裂时，它们也会释放能量。原子分裂的部分是原子核，所以这种能量被叫作核能。

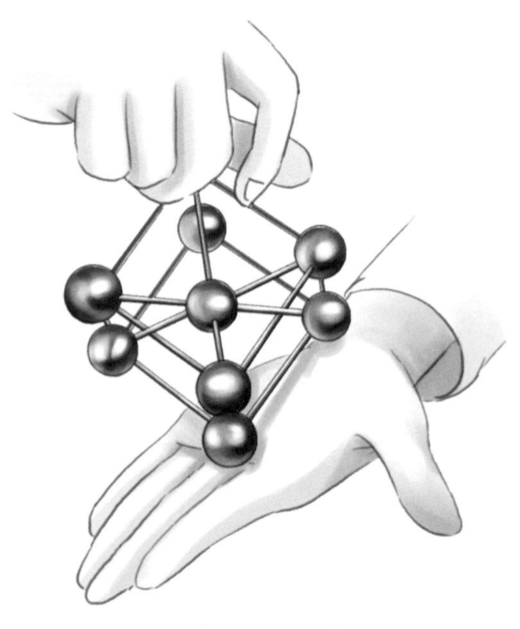
原子比你能想象的任何小东西还要小

力，看不见，抓不着，但是每个人都能感觉到。当你把球踢飞时，当你拼命拧开瓶盖时……你都能感觉到力的存在。

什么是力

力是物体之间的相互作用，它可以让物体的形状发生变化，也可以让物体变快或变慢，运动状态发生改变。

琢磨不透的力

我们可以控制力，让力推动、拉动物体，把东西拧成“麻花”。有时候我们也会控制不住它，如果让两个高速运动的物体相撞，巨大的力就会让它们粉身碎骨。

力的分类

力的种类有很多，按照力的性质，可以分为重力、摩擦力、弹力、电场力、磁场力等；如果按照力的效果，可以分为引力、斥力、压力、浮力、阻力等。

火箭靠巨大的反作用力升空

一个物体对另一个物体每产生一份力，都会在反方向受到这个物体施予的等量的另一份力，这是力最重要的特点。

常见的力

我们把垂直作用在物体表面上的力叫作压力；两个表面接触的物体相互运动时，阻碍其相对运动的力，就叫摩擦力。自行车的刹车垫片和车轮之间因为产生了摩擦力才可以使车子停下来。

力学

伽利略、牛顿等人的研究奠定了力学的基础，而牛顿运动定律的建立，标志着力学成为一门科学。

火花飞扬：电

当你打开任何一种电器的开关时，你就引发了一场电子的“游行”。每根电线里都有数百万个电子。电器启动后，这些电子就沿着电线运动起来，为电器的运行提供能量，这种能量就叫“电”。

摩擦产生电

脱毛衣时，我们可能会听到“噼里啪啦”的声音，甚至还会看见电火花。这是怎么回事呢？脱衣服时，衣服会因摩擦而产生静电。静电不能流过身体，但是可以从毛衣上跑到电子较少的地方去。所以，我们就看见了电火花。

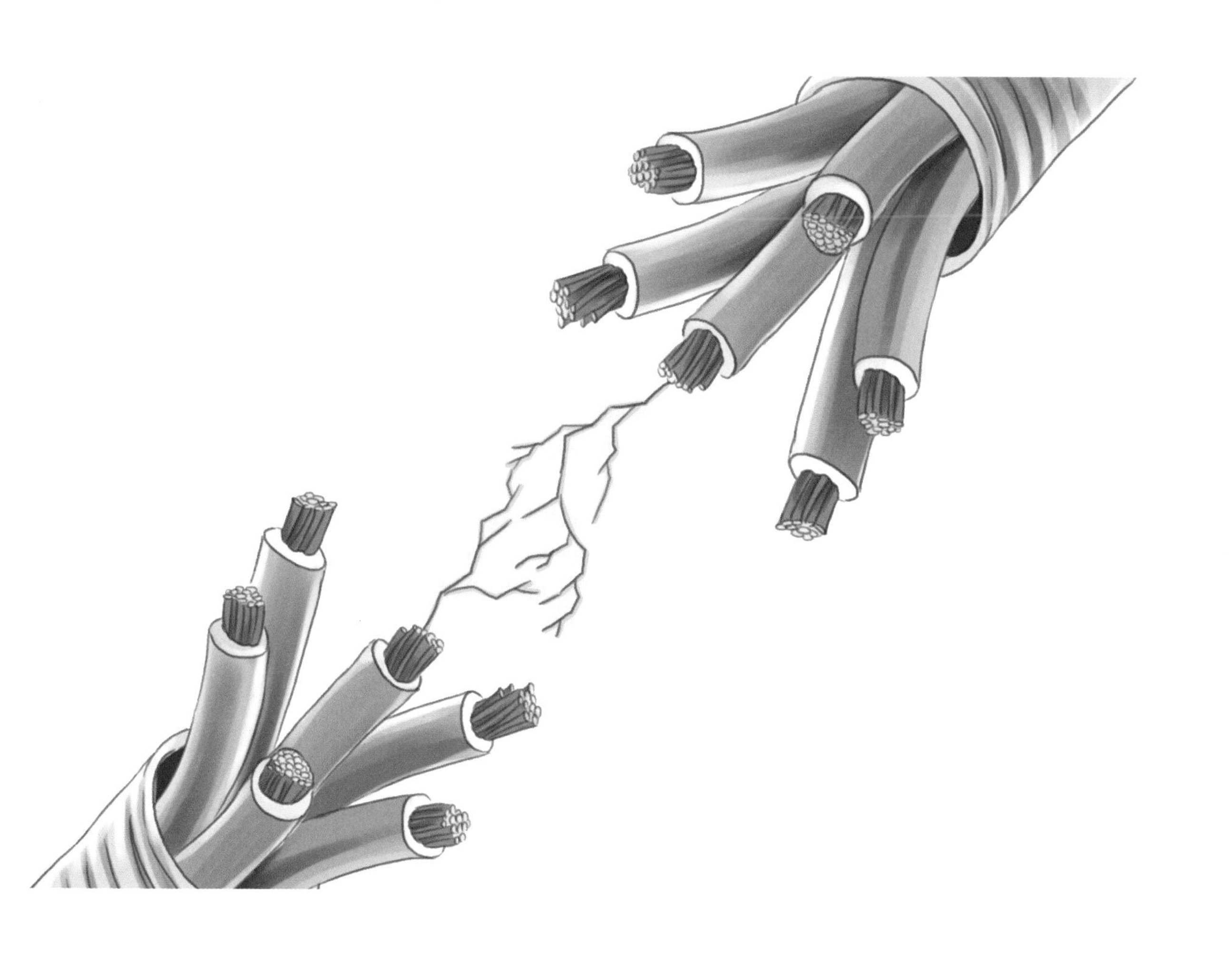

电线里的秘密

当你打开一个开关时，电灯亮了；当你打开电视机时，画面出来了。电并没有进入到灯泡和电视机里，它只是在电线里流动。电灯和电视机靠电流工作，电流沿着由电线布成的道路行进。电线的中心由导电的金属制成，电线的外层是不能导电的绝缘体，比如橡胶或塑料。

电荷

18 世纪，美国科学家富兰克林首次提出存在两种性质相反的电，一种是正电荷，另一种是负电荷，同种电荷互相排斥，异种电荷相互吸引。

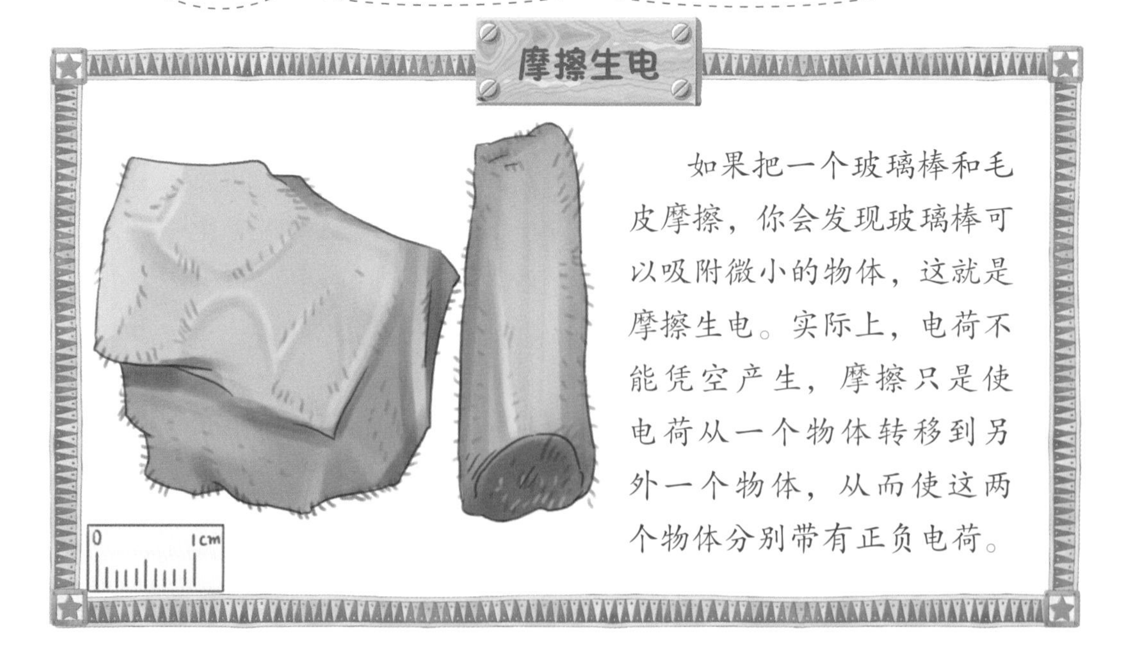

摩擦生电

如果把一个玻璃棒和毛皮摩擦，你会发现玻璃棒可以吸附微小的物体，这就是摩擦生电。实际上，电荷不能凭空产生，摩擦只是使电荷从一个物体转移到另外一个物体，从而使这两个物体分别带有正负电荷。

电荷的传递

带电的玻璃棒可以吸附微小物体，但是这些小物体并不带电，这是怎么回事呢？原来在玻璃棒电荷的影响下，这些小物体内部的电荷重新分布，使它一端带有和玻璃棒电荷电性相反的电荷，因此就有了吸附能力。

摩擦生电小实验

首先，吹好一个气球；然后，用棉布摩擦气球；最后，把棉布放在气球侧面，棉布居然不会掉下去。你知道这是为什么吗？当棉布摩擦气球时，气球从棉布那里得到了电子，气球上的电子就比棉布上的要多。当棉布靠近气球时，气球上的电子就会往棉布上迁移。于是，棉布就被吸住了。

加热会使磁性消失

打击会使磁性消失

磁力是一种不同于重力的基本作用力，具有磁性的物体被称为磁体，磁体能够吸附含铁的矿物。

吸引大师：磁

磁石

磁石是一种具有磁性的矿物质，它的主要成分是四氧化三铁。一般状况下，磁石的磁性可以长期保持，但是打击和加热会使磁性消失。现代科学理论认为，磁石的磁性来源于它分子内电子的运动。

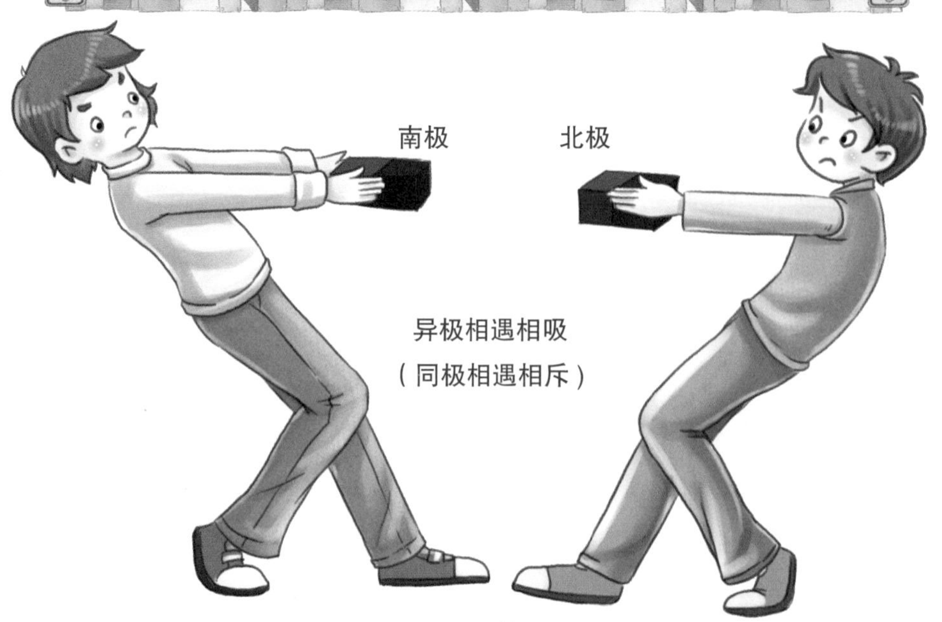

异极相遇相吸
（同极相遇相斥）

人造磁铁

铁屑靠近天然磁石就会被磁化，从而被磁石吸住。人们根据磁的这个特点，通过磁化制造出各种形状的强力磁钢，磁钢可以吸附比自身重很多倍的物体。

磁铁只能吸附铁质的物体，垃圾回收站充分利用了这个原理，用通电磁铁从垃圾堆中轻松地找出需要的铁。

地球磁场

在地球任何一个地方放上小磁针，磁针的北极总是指向地磁南极（在地理北极附近），这是因为地球周围存在着磁场。鸽子、蝙蝠等动物正是利用地球的磁场来分辨方向。

在通电的一瞬间，导线附近的小磁针会发生偏转。

磁生电

丹麦物理学家奥斯特在实验中偶然发现，电具有磁效应。这之后，许多人开始寻找磁生电的方式，其中以英国科学家法拉第最为著名。法拉第花了 11 年的时间，终于发现了磁生电的方法，并因此而成名。

第三章

明亮的魔术大师：光

我们的生活离不开光，白天需要阳光，晚上需要灯光，眼镜也是根据光的原理而被制造出来，就连美丽的七色彩虹都是因为光的反射而形成的……那么，光是怎么一回事呢？

阳光是地球最大的光源。

睁开眼睛，我们首先感受到的就是光，如果没有光，也就没有这世界的一切。光的存在为世界打开了一道光明之门，也为科学家带来了很多的灵感。

魔术大师：光

光的应用

经过漫长的旅途，阳光才来到地球，让我们的世界变得五彩斑斓。另外，科学家也发明了很多与光有关的科技，比如电灯、霓虹灯和LED灯等。

在盛有半杯水的杯子里放一双筷子，从旁边看，筷子好像被折断了似的；游泳累了在池边休息时，会发现原本胖胖的哥哥竟然在水里看起来好瘦，瘦弟弟却变胖了……如果你了解了光的折射的话，也就知道其中的奥秘了。

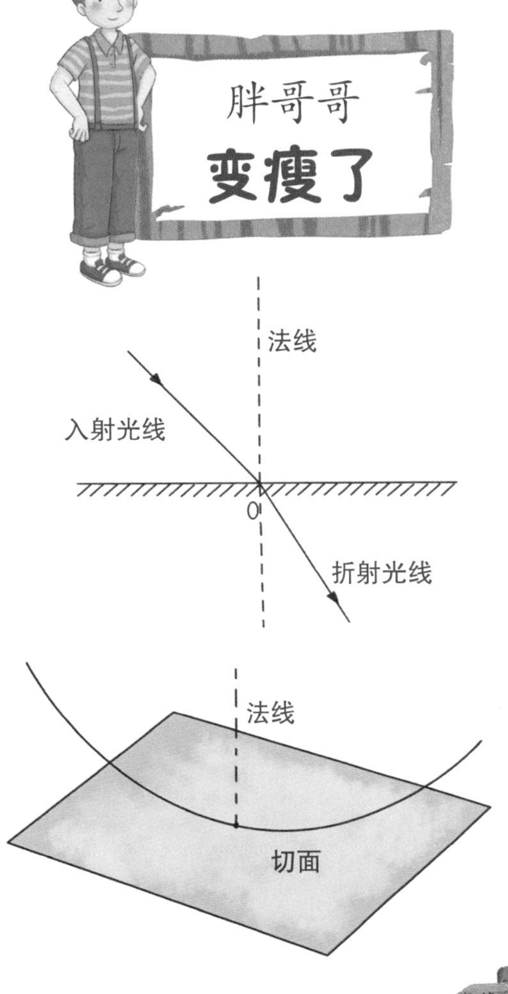

光的折射

光从一种介质斜射入另一种介质时，传播方向一般会发生变化，这种现象叫作光的折射。

光欺骗你了

光通过物质时会发生折射，使物质到我们的眼睛并不成一条直线，所以插在杯子里的筷子好像断了一样，在水中游泳的小朋友的身材也发生了变化——这是光的折射欺骗了我们。

隐藏真实深度的湖水

我们站在岸边，往湖里看去，湖水看起来并不深。可是，如果你了解了光的折射原理，就会知道湖水看起来很浅，可实际上是很深的。所以，轻易下湖游泳会很危险！

神奇的海市蜃楼

小朋友们有玩过溜溜球吗？它是不是碰到地面又会弹回来呢？其实光有时也会这样，沿着直线传播的光如果碰到障碍物，就会被反射回来。

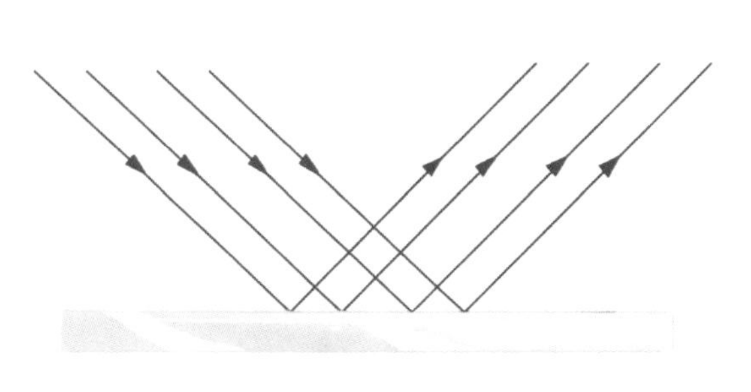

镜面反射

镜面反射

当光线遇上像镜子这种表面光滑的物体时，光线会被平行反射，这种反射叫作镜面反射。人们利用镜面反射来观察自己的仪容。

漫反射

当光线照射在不平整的物体上时，就会产生很多角度的反射，这些反射光线像一团头发丝一样杂乱无章，这样的反射叫做漫反射。

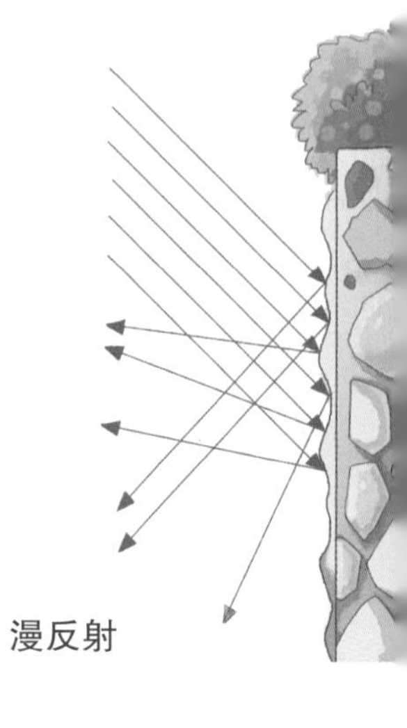

漫反射

海上有楼房

在温度较高的夏季，海面上风平浪静，人们常常会看到海面上竟然“建”起了高楼大厦，这就是“海市蜃楼”，是光这位魔术师的杰作之一。

沙漠中也常常出现海市蜃楼。

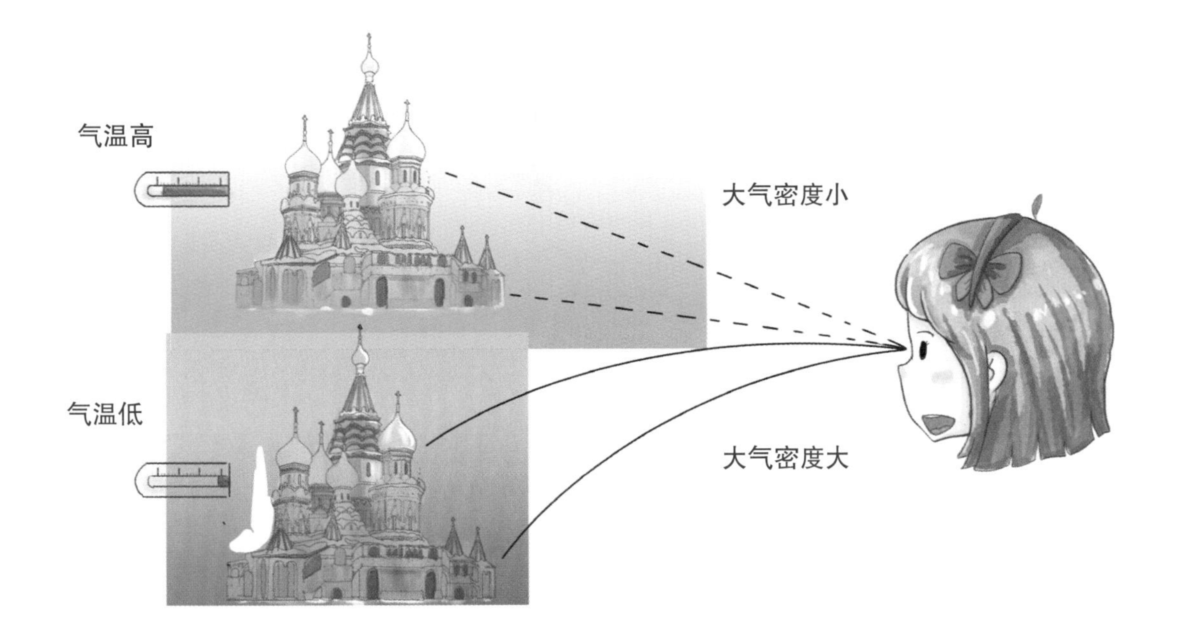

海市蜃楼

海市蜃楼是一种因光的折射和全反射而形成的自然现象，是地球上物体反射的光经大气折射而形成的虚像。如果在海的另一边有几幢楼房，由于海洋上空的空气上下密度差异太大，来自楼房的光线发生了巨大改变，从而进入我们的眼睛。那些看起来就在眼前的楼房，可能在十万八千里以外呢！

大气密度影响光的传播

透过火炉的上方，我们看见的景物常常在晃动，甚至扭曲变形，这是因为炉子上方的空气受热，密度发生改变，从而导致我们看见的景物发生变化。

光源

像太阳这样自然存在的光源，叫自然光源。随着科技的发展，人类也制造出了越来越多的会发光的物体，例如灯泡、蜡烛等，这叫作人造光源。

在晚上，到处都是黑漆漆的，但是没关系，我们有很多可以照明的东西，比如说手电筒、荧光棒、蜡烛等，这些自己能发光且正在发光照亮周围的物体叫做光源。

光的直线传播

在相对均匀的物质里，例如环绕在我们周围的空气，光线是沿着直线、按照一定的速度匀速传播的。就是因为光线走直线，不会转弯，所以当它被我们“挡住”的时候，才会在我们身后留下一块阴影。

光的这个特点能帮我们解决许多问题，如栽树时要使其成一直行，排队要看齐，射击时要求三点一线用于瞄准等。

日食和月食

月球运行到太阳和地球的中间，如果三者正好处在一条直线上，月球就会挡住太阳射向地球的光，因此看起来好像是太阳的一部分或全部消失了，这时就会发生日食现象。当地球运行到月球和太阳的中间，如果地球挡住了照到月球的太阳光，月球没有阳光可反射，我们观察不到月球，就会发生月食。

先见闪电后听雷声

雷雨时，我们总是先看到闪电再听到雷声，小朋友们知道这是为什么吗？

雷雨时，天上两片带着电的云相遇，如果它们带着同样的正电或者负电，那么它们就会激烈地“争斗”起来，放出大量的电流，这就是闪电；而它们打斗时发出的声音，就是雷声。尽管闪电和打雷同时发生，但是光比声音传播的速度要快得多，所以我们总是先看到闪电后听到雷声。

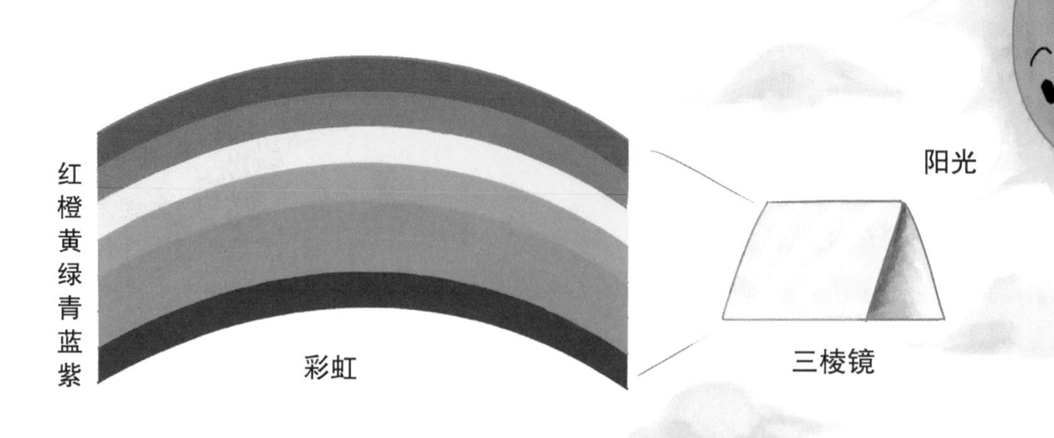

你玩过用肥皂水吹泡泡的游戏吗？还记得那泡泡上流动着什么颜色吗？对，是彩色。阳光照到三棱镜上，转动三棱镜，你就能看到七种颜色，就像是一道小小的彩虹。这些美丽的光彩，都是因为光的色散而被呈现出来的。

复色光

由单色光混合而成的光叫复色光，自然界中的太阳光和日光灯发出的光虽然看上去是一种颜色，但事实上它们都是复色光。

牛顿的发现

牛顿在1666年最先利用三棱镜观察到光的色散。

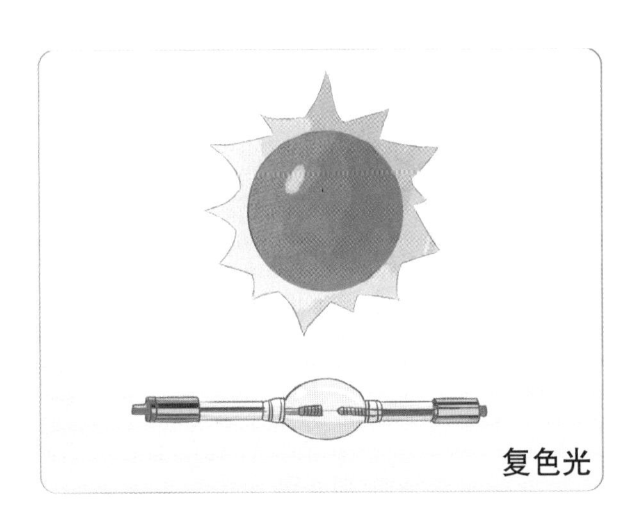
复色光

物体颜色的奥秘

白天，我们的世界五光十色，可到了晚上，颜色都消失了，这说明只有在阳光（白色光）的照射下，物体才会呈现出颜色。

当光线照射到物体上时，一部分光会被物体反射，另一部分光会被物体吸收，物体的色彩来自于它们各自反射的光线颜色，红色物体反射红色光线，黄色物品反射的就是黄色光线了，而把光线全部吸收的物体，就是黑色。

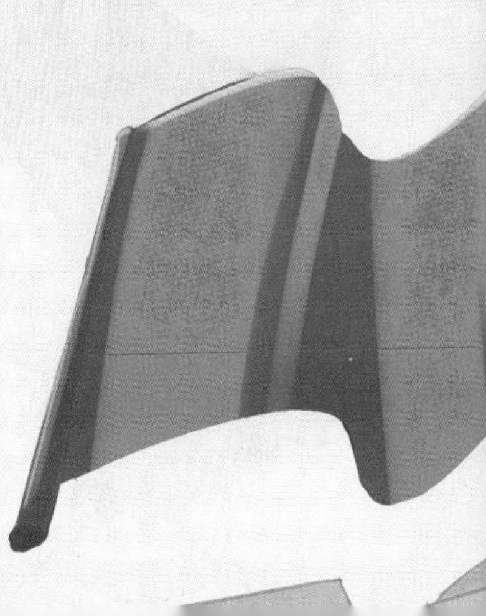

随处可见的 光

看似虚无缥缈的光，其实有着非常神奇的用途哦。比如说，深受小朋友喜爱的皮影戏就是利用了灯光的照射，将纸板或兽皮剪裁成各种形状展现在布幕上，搭配表演者的故事解说，别提有多生动！

阳光的作用

阳光是一种非常奇妙的东西，如果能好好利用，就可以给我们的生活带来很多便利。

农民伯伯利用阳光来晒稻谷，让豆子和麦子接受太阳光的洗礼；太阳能热水器的原理是把白天接收太阳光的热能贮存起来，将水加热，到了晚上就能洗个舒服的热水澡！

特别的光——极光

在地球的南北两极，会出现瑰丽多姿的极光。极光多种多样，五彩缤纷，美丽动人。极光出现的时间有时极短，犹如节日焰火，在空中闪现一下就消失了；有时却在苍穹之中辉映几个小时。极光有时像一条彩带，有时像一团火焰，有时又像一张五光十色的巨大银幕，给人以美的享受。

第四章

律动的符号：音

在我们的生活中到处充满着声音：动人的音乐，嘈杂的噪音……它们时时刻刻都围绕着我们，想逃也逃不掉。聪明的你，知道声音是怎么产生的吗？

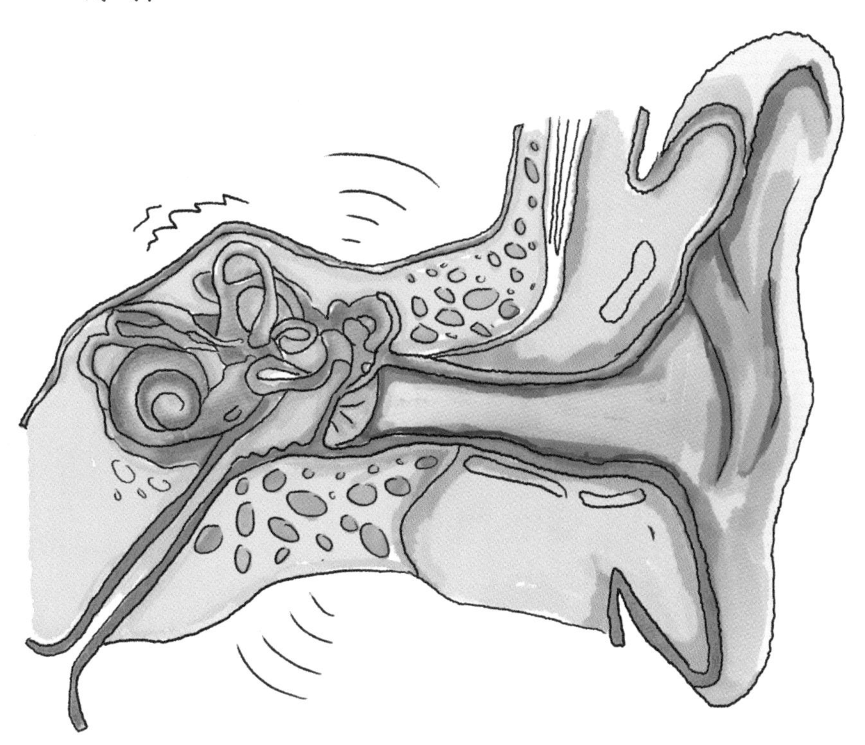

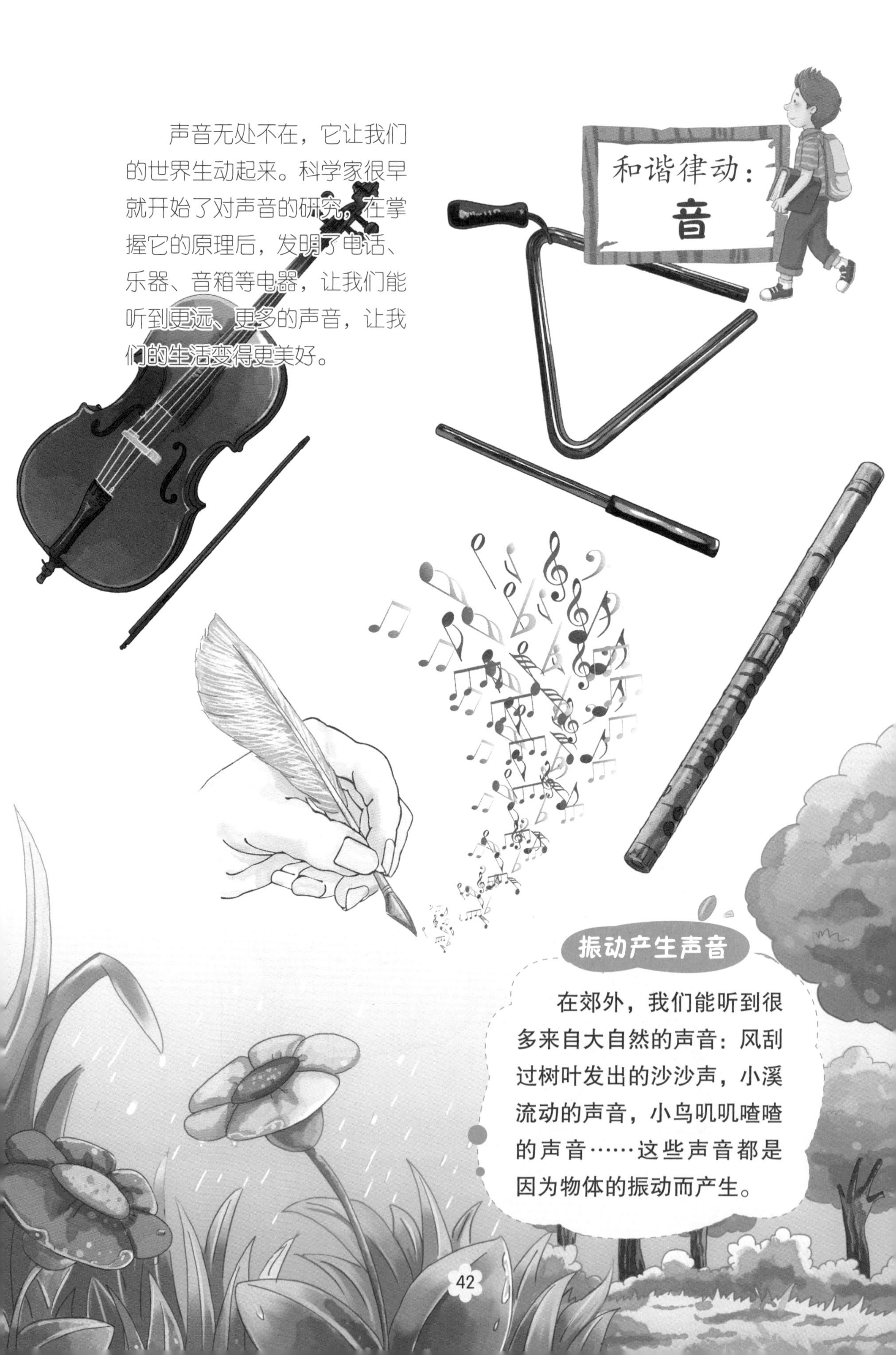

和谐律动：音

声音无处不在，它让我们的世界生动起来。科学家很早就开始了对声音的研究，在掌握它的原理后，发明了电话、乐器、音箱等电器，让我们能听到更远、更多的声音，让我们的生活变得更美好。

振动产生声音

在郊外，我们能听到很多来自大自然的声音：风刮过树叶发出的沙沙声，小溪流动的声音，小鸟叽叽喳喳的声音……这些声音都是因为物体的振动而产生。

世界上的声音

人的说话声、动物的嘶叫声，都是因为喉咙里声带发生振动而产生。声音是物体振动的产物。

另外，还有很多我们用耳朵听不到，但确实存在的声音，必须借助特殊工具才能听见。比如医生会用听诊器来听内脏的杂音。

为什么会有声音

窗外挂着风铃，微风吹拂，我们就会听到风铃发出“叮叮当当”的声音。可是你知道为什么会有声音吗？它究竟是怎么产生的呢？

声音的产生

当演奏乐器、拍打一扇门或者敲击桌面时，它们的振动会引起介质——空气分子有节奏地振动，使周围的空气产生疏密变化，形成疏密相间的纵波，这就是声波，声音以声波的形式传播，声波引起耳朵内听小骨的振动，然后再成为我们听到的声音。

声音的传播

声音的传播需要介质，这种介质可以是气体，例如空气；可以是液体，比如水；还可以是固体，例如电话线，等等。

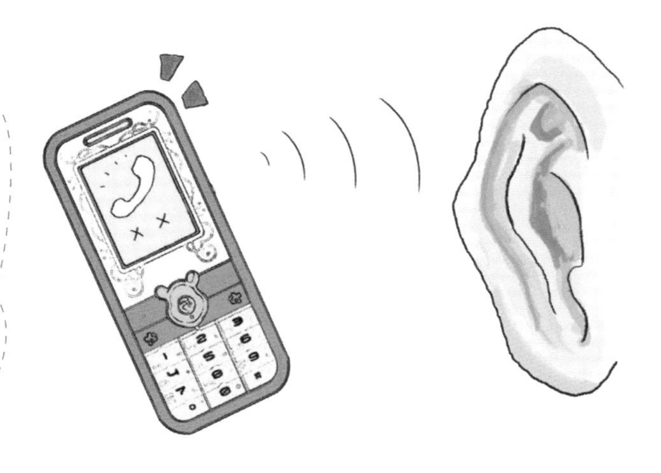

声音的折射

光在传播过程中会发生折射现象，声音同样如此。在同一均匀介质中，声音是直线传播的，但如果介质的性质、密度发生变化，声音就会发生折射现象。例如，我们面对群山大声呼喊，声音发生折射，然后就听到回声了。

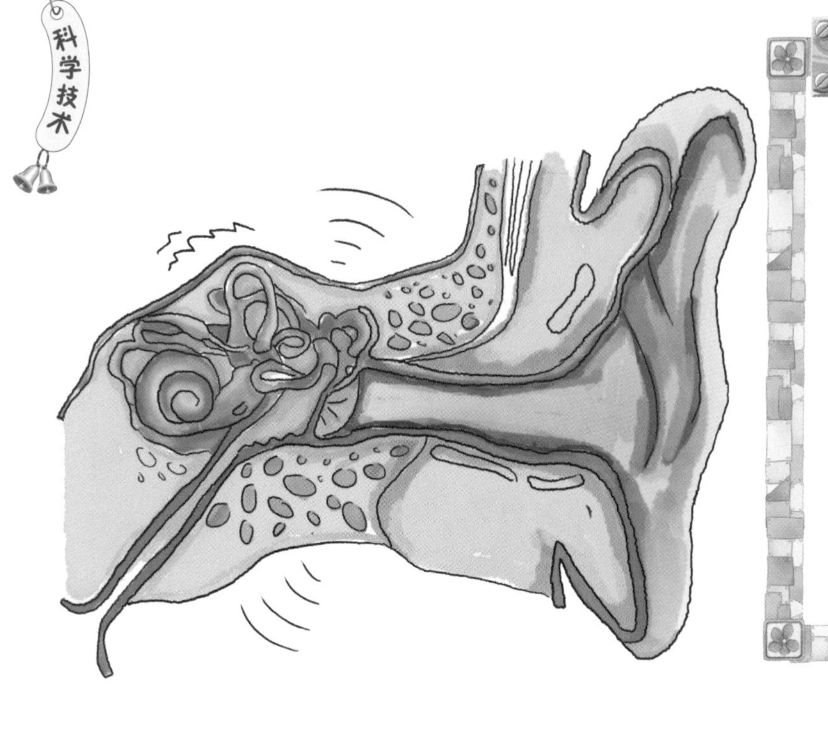

听到声音的条件

物体振动后，介质将声波传到我们的耳朵里，撞击耳膜，我们就听到声音了。没有介质，声音就无法传播。比如，真空中没有介质，声音也就无法传播。

声带振动

我们的喉咙长了一对叫“声带”的组织，它们受肌肉控制，在振动时一开一合，发出各种各样的声音。你可以试试，用手按着喉咙，然后发出“啊”的声音，喉咙是不是在振动？如果你声音变大，振动也会加大。

声音是一种有一定频率的波，频率越高，音调就越高；频率越低，音调也就越低。

我们只能听到 20 赫兹 ~ 20000 赫兹的声音。振动很快，频率高于 20000 赫兹的声音是超声波，频率低于 20 赫兹的是次声波。

能听见超声波的动物

一些动物可以听见超声波，如蝙蝠就是靠超声波来判断前方是昆虫还是障碍物，所以它们可以在黑暗中来去自如。狗能听见高达 50000 赫兹的超声波，猫甚至能听见高达 60000 赫兹的超声波。

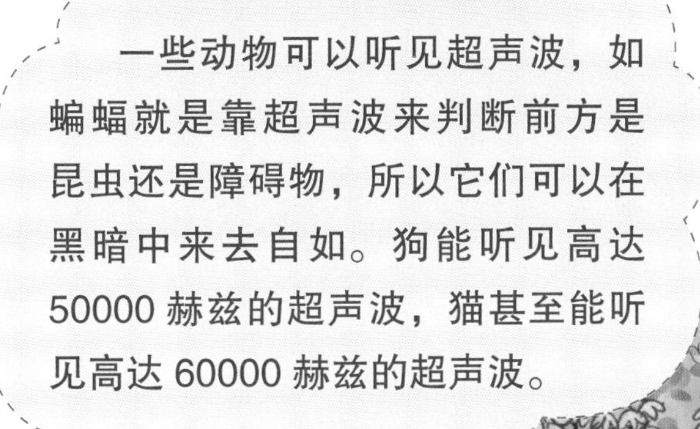

超声波的应用

超声波方向性好，穿透能力强，在水中传播距离远，可用于测距、测速、清洗、焊接、碎石、杀菌消毒等，被广泛用于生产和生活，医院里的B超，就是利用了超声波。

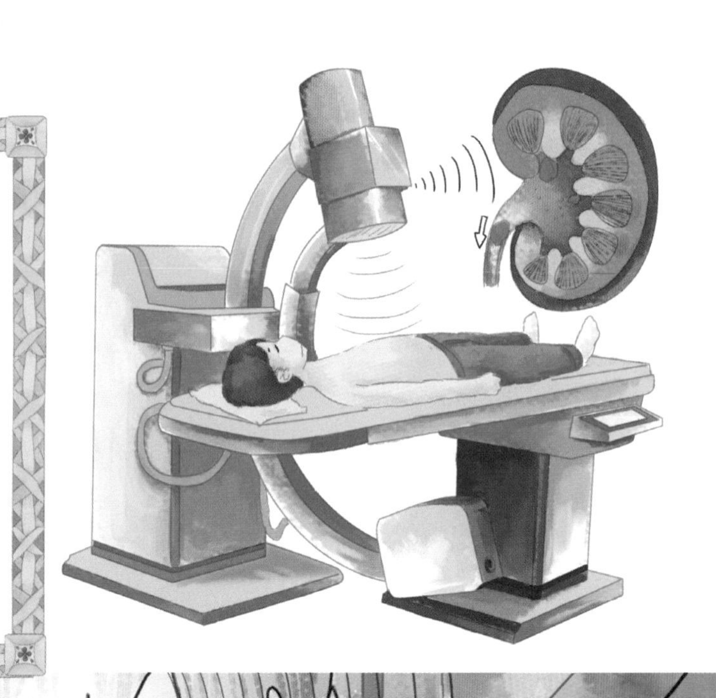

次声波的影响

次声波穿透能力强，不容易衰减，能穿透大气、海水、土壤，还能穿透钢筋水泥构成的建筑物，甚至能穿透坦克、军舰。当次声波的振荡频率与大脑节律相近，引起共振时，它能强烈刺激人的大脑，甚至威胁到生命安全。

形形色色的声音

蚊子的声音很小，大货车行驶时的声音很大；小朋友说话的声音很尖，大人说话的声音很沉，每个人的声音都有不同。

声音的区分

响度、音色和音调（高音、低音等）是声音的主要特征，也是我们区分声音的依据。打电话时，我们虽然看不到对方，但只要听到声音，就能知道对方是谁，这是因为每个人的音色不同。

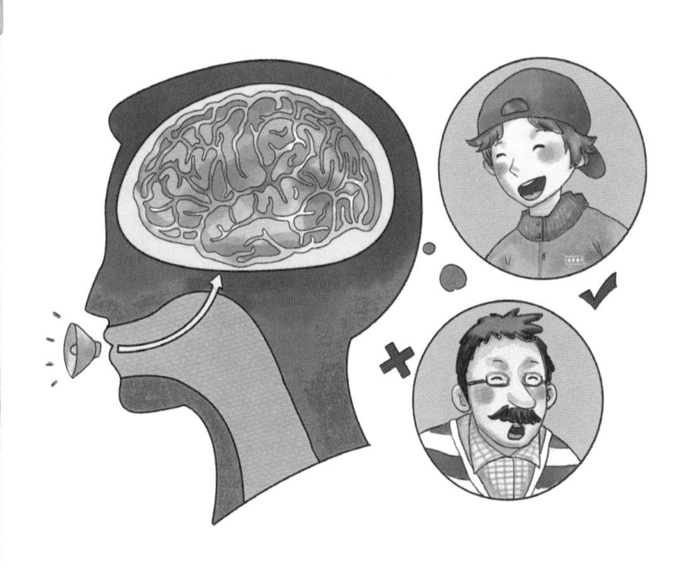

振动与声调

当你摇晃一个小铃铛时，因为振动的幅度快，所以发出的声调是清脆的；当你摇晃一个大铃铛时，它振动得比较缓慢，所以发出的声调是低沉的。

音量与声音

声音的强弱叫做响度，响度俗称为音量，音量越弱声音就越小。当然，这也与物体振动的幅度有关，比如同样的一面鼓，小孩子和大人去敲击，结果也会不同。

分贝的高低

我们用“分贝”来表示音量的大小。在公众场所，我们应该放低分贝，轻言细语地交谈；当发生意外需要求助时，我们应该提高声音分贝，好让周围的人听见赶来帮助我们。

音量与声源

音量的大小除了跟振幅有关，跟声源也有关。越是靠近声源，音量就越大。比如爸爸妈妈在客厅看电视，他们能听清电视的声音，而在房间的你只能隐约地听到一些声响。

音色

音色是声音的特色，是一种抽象的东西，让人无法准确定义。根据不同的音色，即使在同样的音量下，我们也能区分出声音是什么发出来的。

生活里的音色

音色会因为振动材料的不同而不同，小提琴的声音细腻，二胡的声音低沉，锣鼓的声音响亮……每种声音带给我们的感受也不同，指甲划玻璃的声音让人头皮发麻，妈妈给宝宝唱摇篮曲的声音让人放松……这都是音色的区别。

从这里到那里的声音

鱼儿在水中悠闲地游动，似乎没有发出任何声音，可是潜水员在水下能听到它们摆动尾巴的声音。我们生活在一个充满各种声音的世界里，可是为什么我们能听见声音呢？

声音的传播途径

我们听到的大部分声音都是通过空气传播的。除此之外，声音还可以在液体和固体里传播，像水、木头，甚至泥土都能够传播声音。

声音的传播速度

声音需要搭载一些“交通工具”才能传播，像空气、液体和固体，所以当这些“交通工具”发生变化时，声音的传播速度也会发生变化。声音在液体和固体中的传播速度比在空气中要快。

因为月球上没有空气，登上月球的宇航员只能通过无线电交流。

空气湿度与声音

空气湿度的高低也会影响声音的传播速度，湿度越大声音传得越快。

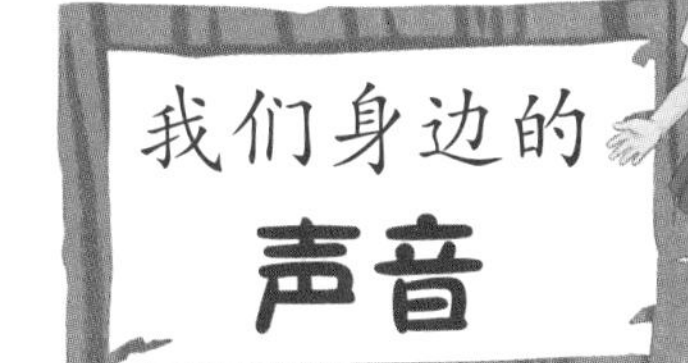

我们身边有着各种各样的声音：闹铃声、说话声、汽车的鸣笛声……就连山峰、石头、大地也在发出声音，因为它们内部的分子在不停地运动。

万物都有声音

校园里有朗朗的读书声，动物园里有各种动物的叫声，地下流动的泉水有声音，我们血管里的血液流动也有声音……宇宙万物都有声音！

噪音

我们将嘈杂、刺耳的声音称为“噪音”。在城市中，到处充满了噪音：汽车的喇叭声，装修时的电钻声……

噪音的影响

无处不在的噪音，让我们心烦意乱，还会影响我们的健康。长时间处于噪音之下，会让人头疼、想吐，严重的噪音会导致血压升高，心跳紊乱。

目前，噪音污染与水污染、大气污染已被看成是世界范围内三个主要环境问题。

第五章

我们的能量来源：热

在我们的生活中，“热”是一个重要的“家伙”，如果没有它，这个世界将是冷冰冰的一片，它就像是空气和水一样，对我们来说是不可缺少的！

热没有重量，也不占任何空间，可是别因为这样就小瞧了它，要是它发起火来，可是能把生物都给热死，可谓“能”力十足呀！

热能来源：太阳

夏天，太阳离我们的距离比较近，所以接收到热量会比较多。到了冬天，太阳离南半球近一点，离我们北半球要远一点，所以就冷一些。

随着科技的发展，人们利用太阳带给我们的热能，发明了太阳能灶、太阳能热水器、太阳能电池等，给我们的生活带来了极大的便利。

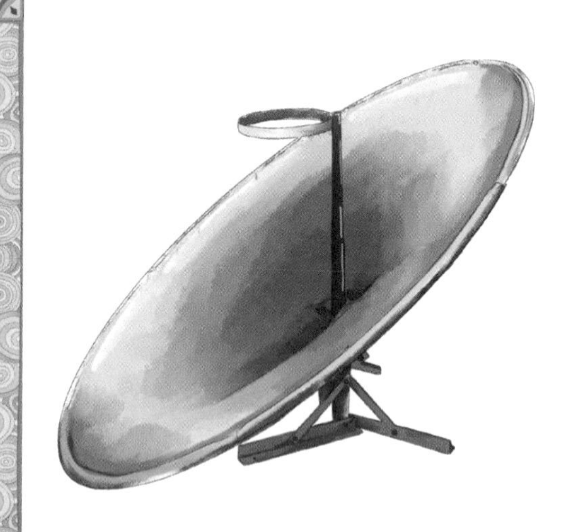

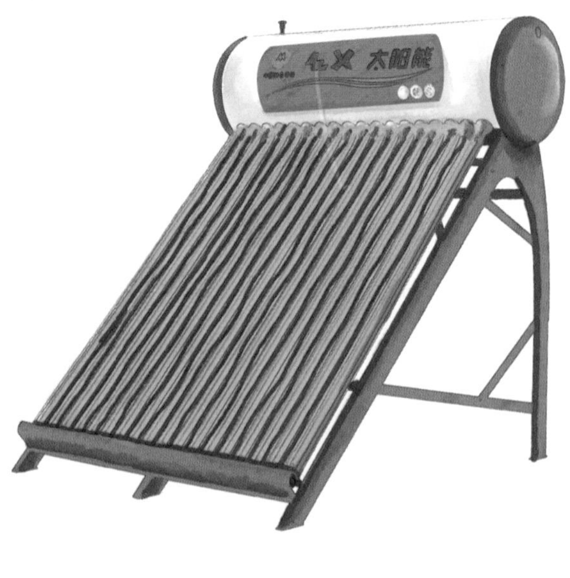

地热

除了太阳，地球的内部也储藏了很多热量。地球板块运动、火山爆发很多都是由地热引起的，温泉也是因为地热造成的。现在，地热渐渐进入科学家的视线里，人们利用它来发电，也用它们发展旅游业。

摩擦生热

在冬天，我们常常会搓手来取暖，这是因为运动产生的机械能转变成热能，也就是所谓的“摩擦生热”。在很久很久以前，原始人就是利用这个原理“钻木取火”。

热能的来源

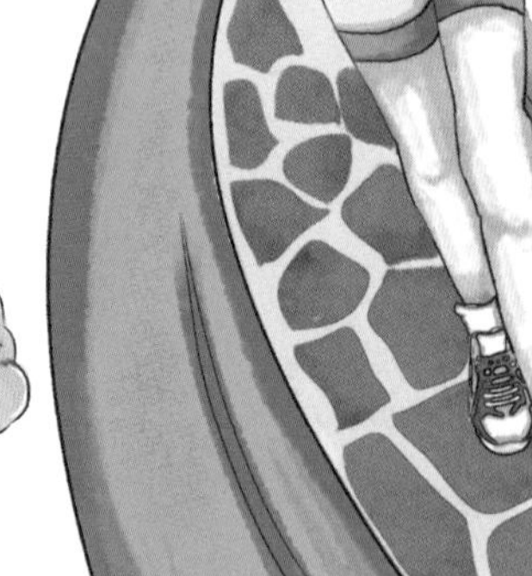

热量不停地在高热量和低热量之间进行着交换或传递。可是你知道地球上的热量从哪里来的吗？太阳和地热是最主要的来源。

最大的热源

太阳是地球最大的热源，它表面温度高达 6000℃。不过，由于太阳照射角度的不同，同一地点的不同时段所接受的热量并不相同，中午最多，清晨、傍晚最少。因为晚上没有阳光，地面吸收的热量会慢慢散失，气温就会下降。据科学家估计，太阳的“热”至少还能持续散发 50 亿年。

地热能

地热能是来自地球内部的能量，它来源于地球的熔融岩浆和放射性物质的衰变。地球深处的水循环或者岩浆侵入到地壳后，能把热量从地球深处带到地球表层。

可再生性资源

地热能的储量比目前人们所利用能量的总量还要多很多，大部分集中分布在火山和地震多发区。地热能不但是无污染的清洁能源，而且如果热量提取速度不超过补充的速度，那么它还是可再生的。

对地热的利用

人类很早以前就开始利用地热能了，例如利用温泉沐浴、医疗，利用地下热水取暖、建造农作物温室、水产养殖及烘干谷物等。

值得注意的是，我们在利用地热能的时候，一定要掌握分寸，就像砍伐树木一样，砍伐的速度不能超过生长的速度。

太阳的热量

小朋友们有没有想过如果没有太阳将会怎样呢？

地球上的光和地表热量都来源于太阳，如果没有太阳，等待我们的只有黑暗和寒冷，植物也将无法进行光合作用，用不了多久都会死亡。更恐怖的是，如果没有太阳，地球的温度会低至零下200℃以下，就连氧气都会变成液态……那么，还会有生命存在吗？

热能的传递

下雪的时候，很多小朋友都很喜欢打雪仗、堆雪人。当你的手冻得又红又疼跑回家时，爸爸妈妈会用他们的大手握住你的小手，使你的小手暖和起来。这就是热传递。

热传递

热传递是一种常见的自然现象。发生热传递的条件是存在温度差，其结果是温差消失。

妈妈给我们煎蛋时，火将热传递给锅底，锅底再传到鸡蛋上，鸡蛋受热就熟了。热传得越快，鸡蛋熟得也就越快。

热传递的方式

热传递有三种方式：传导、对流和热辐射。热从温度较高的部分沿着物体传到温度较低的部分，叫传导；靠液体或气体的流动来传热，叫对流；由物体沿直线向外射出，叫热辐射，热辐射不需要任何介质，可以在真空中进行。

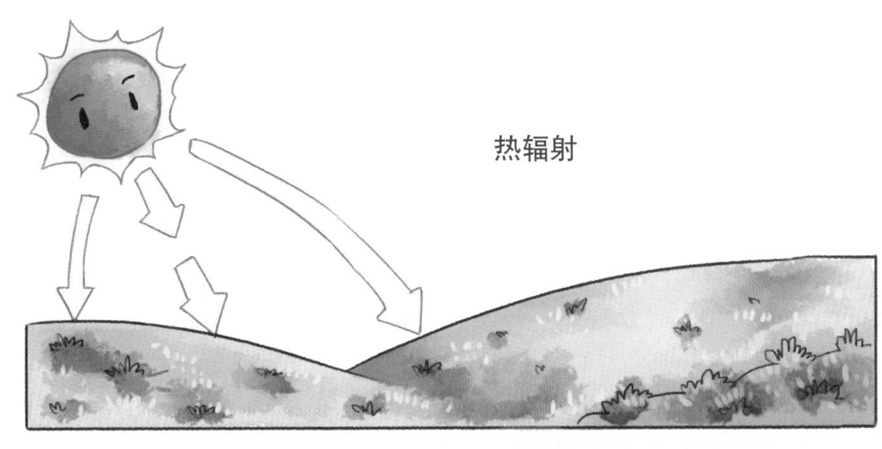

优良的热导体

金属是热的优良导体，铜和铝传热相当快，所以我们做饭用的电饭煲、高压锅之类都是用它们制成的，有时也会用到铁和钢。

热导体

所有的物质都是热的导体，只是它们导热有快慢、难易的差别。相同温度的物体，由于传导性不同，触碰起来的感觉也会不一样，就像冬天我们光脚踩在瓷砖和地毯上的感觉就不会一样。最容易传导热的是固体，其次是液体，最差的是气体。

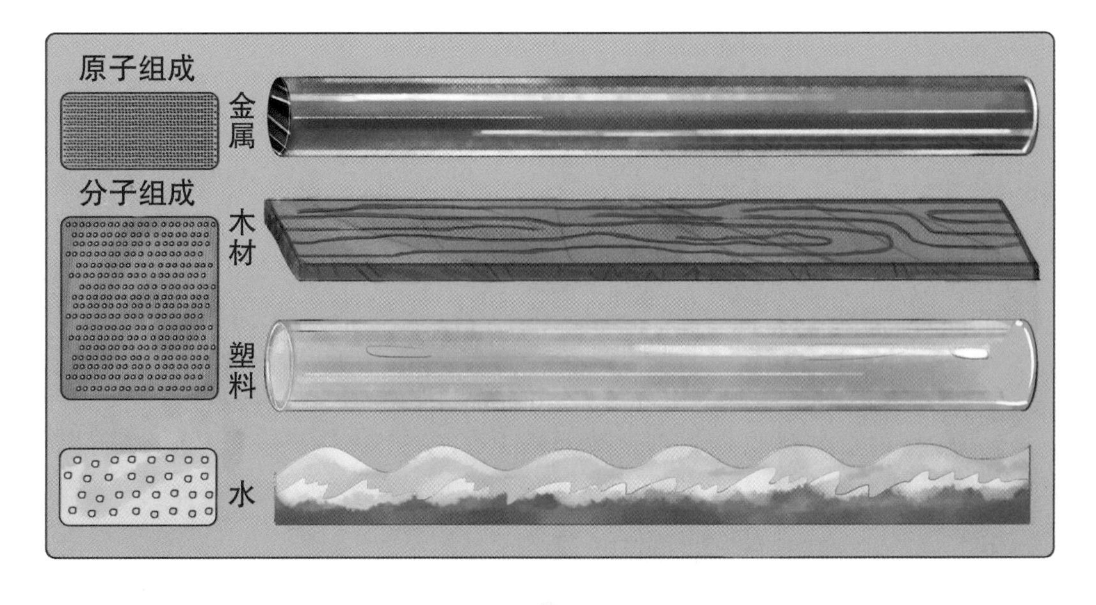

太阳能热水器

太阳能热水器就是针对热辐射现象而发明的，它会用“集热板”把太阳辐射出来的热量收集起来。当吸热管里的凉水接收到集热板收集而来的太阳能之后，就会慢慢变热。加热了的水会不断上浮并储存在储水箱上部，而储水箱底部较冷的水则会流入吸热管中继续被加热。就这样慢慢循环，最终整箱水的温度都升高至适合人们使用的温度。

固体与气体的热现象

固体受热，就会膨胀，比如火车的铁轨之间都留有空隙，这是为了防止铁轨受热膨胀变形。试想，如果不预留空隙，到了夏天，铁轨会突出一截，火车就无法行驶了。

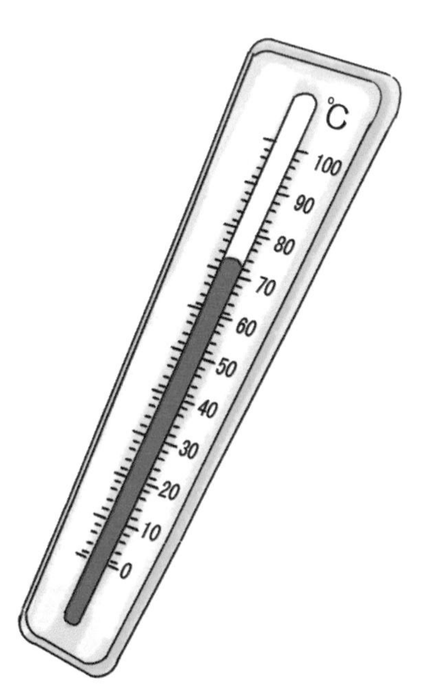

热胀冷缩

固体、液体、气体受热都会膨胀。这是因为物体是由微小粒子构成的，这些小粒子就像排列整齐的队伍,在各自的位置上“做操”。当物体受热时，粒子间的距离会增大，这样它们的“体操”动作才能展开，这种遇热膨胀的现象就是“热胀冷缩”。

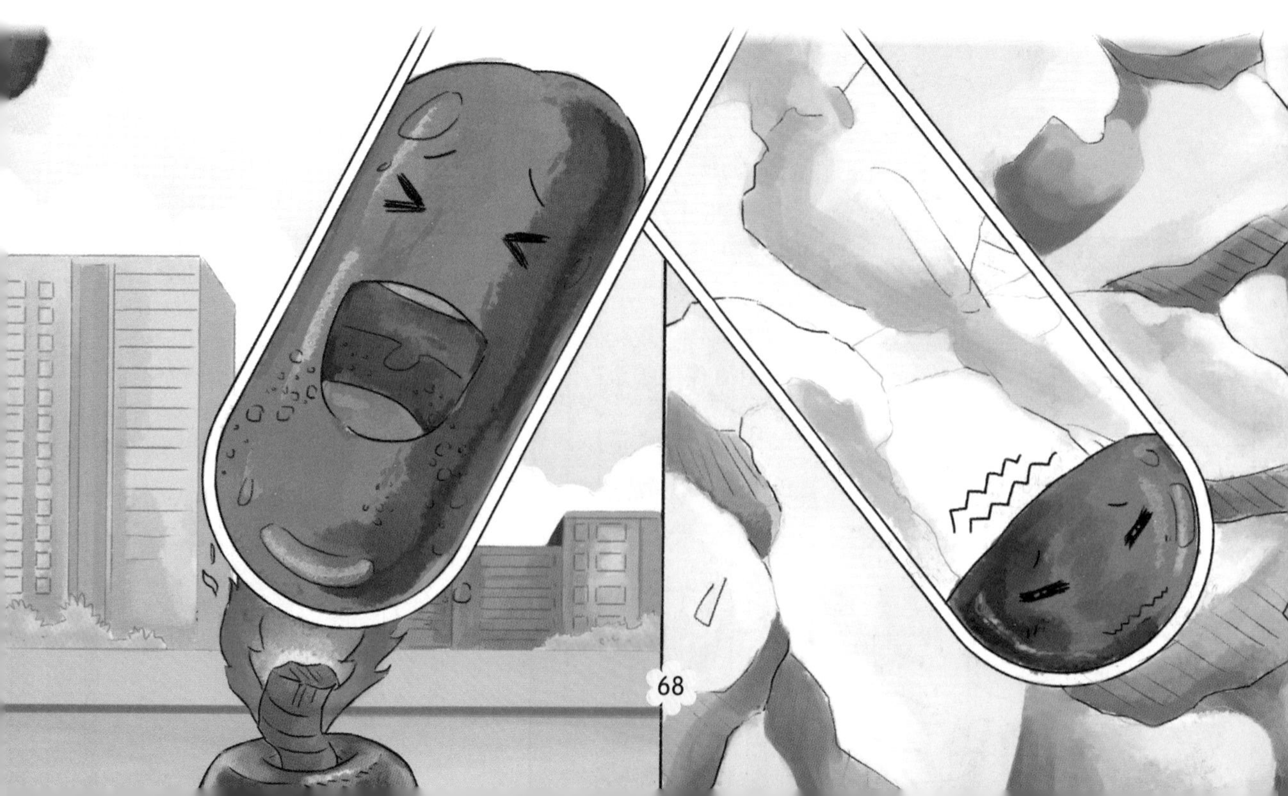

膨胀现象

我们把棉被拿出来晒，棉花里的空气受热后膨胀，棉被变得松软。夏天，轮胎里的气不能充得太满，因为夏天气温高，轮胎里的气体受热膨胀容易爆胎。

热气球的原理

热气球就是利用了空气受热膨胀的原理。热气球有一个燃烧器，用来加热气球里的空气。空气受热膨胀，变得比四周的空气轻，气球便上升，火开得大，气球就升得高；要是把火关小或完全关掉，空气冷下来，气球就会下降。如果拉动泄气绳，放出球袋里的空气，就能让热气球降落到地面上了。

自然界中与物体冷热程度有关的现象称为热现象。人对冷和热会产生生理上的感觉，在温度较高的环境中，人感觉热；在温度较低的环境中，人感觉冷。

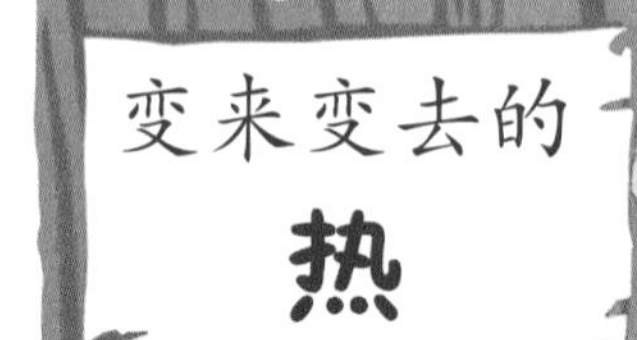

水管“出汗”

在我们的生活中，热现象比比皆是。比如，夏天室外的水管大量“出汗”，预示着要下雨。这是因为水的温度较低，空气中的水蒸气接触到水管，就会放出热量而液化，一旦水管“出汗”，就表示空气的湿度大，这正是下雨的前兆。

加热物质的热量

对物质加热，会使它的温度上升。但每一种物质温度升高所需要的热量都不一样。一般来说，金属物质，比如金、银等，温度上升所需要的热量较少，而非金属如木头、陶瓷等，要使它们的温度上升所需要的热量就比较多。

物质受热的变化

物质受热，除了温度升高、体积膨胀外，还能产生状态的变化。比如，冰雪吸热融化，是固态变液态；湖水受热蒸发是液态变气态；大气中的水分子凝结成水滴或升华成冰晶，是气态放热变液态或固态。

在科学的世界里，专用术语时时闪现在我们的眼前，就让我们一起来学学吧！

你知道这些词语吗

液体：液体没有固定的形状，但有一定体积，具有移动与转动等运动性。水是我们最常见的液体。

气体：可以膨胀而充满任何容器的东西。我们呼吸的空气是由几种不同的气体组成的混合物。

固体：具有自己形状的一种物质状态。

摩擦：把某一物体放在另一物体上磨动。摩擦使得东西在不受其他外力的情况下，运动得越来越慢，直至停止。

振动：快速地在相对静止的一个位置附近往复运动。

蒸发：物质从液体变成气体。例如，液态水蒸发变成气态的水蒸气。

频率：单位时间内完成周期变化的次数。

第六章

科学世界之数与形

我们的世界充满了数字，日历、价格、电话号码，年龄、班级……这些都是数字。

我们的世界也充满了形状，鸡蛋是椭圆形的，饼干盒是长方形的，课桌也是长方形的……

科学的世界离不开数字与形状，就让我们一起去了解一下那个神秘的数字与形状的世界吧！

形状的乐趣

最开始有两个点，将两点连在一块，能变成线；而线的不同组合搭配就形成了各种各样的形状，三角形、正方形、圆形等等。如果你玩过积木就知道啦。

点与线

两点组成一条线，人们用线标记马路的车道、停车位，还用线在日历上记日子。这个又长又细的记号可以是直的，也可以是弯的，而直线代表着两点之间最短的距离。

正方形

将四条长度相同的线相互垂直组合在一起就能组成正方形，如家里的地砖。

三角形

当两条线在同一个点相遇的时候，它们就组成了一个角，如果再加上第三边就能得到一个三角形。如果三条边一样长，那就是个等边三角形。它可是最牢固的形状。

多边形

多边形是由直线组成的平面图形，五边形是有五条边的形状，以此类推，有十条边的形状就是十边形。

圆形

你坐过摩天轮吗？摩天轮就是圆形的。圆上的每一个点到圆的中心的距离都是相同的，这个距离被称为半径，绕圆一圈的距离称为周长。

很久以前，世界上并没有数字！随着时间的推移，人们的生活需要计数了，比如说数羊，数一筐一筐的粮食等，于是世界各地的人们各自发明了独特的计数方式。

再后来，阿拉伯数字成为了全球通用的数字。

数字的重要性

想想看，如果没有数字，我们的生活将会是怎样？

我们没法数数，不知道生日，不知道尺寸，很多游戏也无法进行。城市拥有的人口，我们住的地址，用来联系的电话号码，东西的价格，实验品的用量等等，所有这些都将无法形容。

数字的利用

有了数字之后，人与人之间的交易也变得简单多了。再后来，人们发明了很多计算工具，比如算盘。算盘可以用于解决各种简单的数学计算问题。如果你知道如何使用算盘，你可以非常迅速地解题。在一些竞赛中，用算盘的人的解题速度比用计算器的人还快！

数学符号的发明和使用比数字晚，但是数量却不少。现在常用的有 200 多个，到了初中阶段经常使用的就不下 20 多种。

加减号

十六世纪，意大利科学家塔塔里亚用意大利文“plu”（加的意思）的第一个字母表示加，到最后变成了“+”号。

“—”号是从拉丁文“minus”（“减”的意思）演变来的，简写 m，最后变成了“—”号。

十五世纪，德国数学家魏德美正式确定：“+”用作“加号”，“—”用作“减号”。

乘号

乘号曾经有过十几种模样，现在通用的有两种。一个是“×”，一个是“·”。到了十八世纪，美国数学家欧德莱确定：把“×”作为“乘号”。

除号

“：”和“—”都曾表示过除，而“÷”最初是作为“减号”来使用的。后来瑞士数学家拉哈在他所著的《代数学》里，根据群众创造，正式将“÷”作为“除号”。

等号

十六世纪法国数学家维叶特用“=”表示两个量的差别。可是英国牛津大学数学、修辞学教授列考尔德觉得：用两条平行而又相等的直线来表示两数相等是最合适不过的了，于是等于符号“=”就从1540年开始使用起来。十七世纪德国莱布尼茨广泛使用了“=”号，他还在几何学中用“∽”表示相似，用“≌”表示全等。

其他符号

大于号“>”和小于号“<”，是1631年英国著名代数学家赫锐奥特创用。大括号“{ }”和中括号“[ ]”是代数创始人之一魏治德创造的。

第七章

—— 奇特的化学与元素 ——

古巴比伦人和古埃及人曾经把水、空气和土看成是世界的主要组成元素，形成了三元素说。直到今天，人们对元素的认识还在不断地探索之中。

化学与元素

元素，又称化学元素，指自然界中一百多种基本的金属和非金属物质，一些常见元素的有氢、氮和碳。到 2007 年为止，总共有 118 种元素被发现，其中 94 种已知存在于地球上。

原子与分子

分子是物质中能够独立存在的相对稳定并保持该物质物理化学特性的最小单元。分子由原子构成，原子以一定的次序和排列方式结合成分子。

对原子的研究

所有物质都是由非常微小的、不可再分的物质微粒即原子组成。原子是一个极小的物体，其质量也很微小，以至于只能通过一些特殊的仪器才能观测到单个的原子，例如扫描隧道显微镜。随着科学的发展，原子被认为是由原子核和核外电子组成，原子核是由质子和中子组成的。

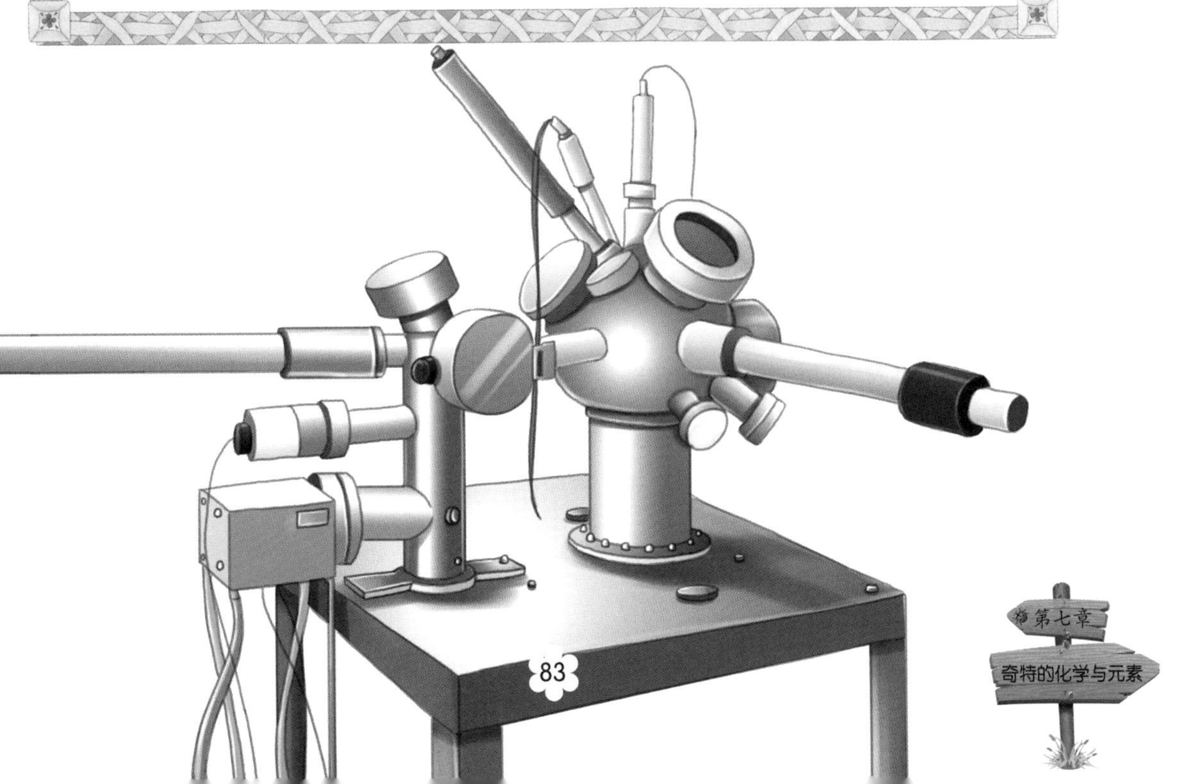

1869 年，俄国科学家门捷列夫编制出了第一张化学元素周期表，后来又经过多名科学家多年的修订才形成当代的周期表。元素周期表中共有 118 种元素。

元素周期表的构成

元素周期表有 7 个周期，16 个族。每一个横行为一个周期，每一个纵行为一个族。这 7 个周期又可分成短周期（1、2、3）、长周期（4、5、6）和不完全周期（7）。这 16 个族，又分为 7 个主族（ⅠA- ⅦA），7 个副族（ⅠB- ⅦB），一个第Ⅷ族，一个零族。

元素与周期表

元素在周期表中的位置不仅反映了元素的原子结构，也显示出元素性质的递变规律和元素之间的内在联系。

金属性与非金属性

同一周期内，从左到右，元素核外电子层数相同，最外层电子数依次递增，原子半径递减（零族元素除外）。失电子能力逐渐减弱，获电子能力逐渐增强，金属性逐渐减弱，非金属性逐渐增强。

单质的氧化

一般元素的金属性越强，其单质的还原性越强，其氧化物的氧离子氧化性越弱；元素的非金属性越强，其单质的氧化性越强，其单原子阴离子的还原性越弱。

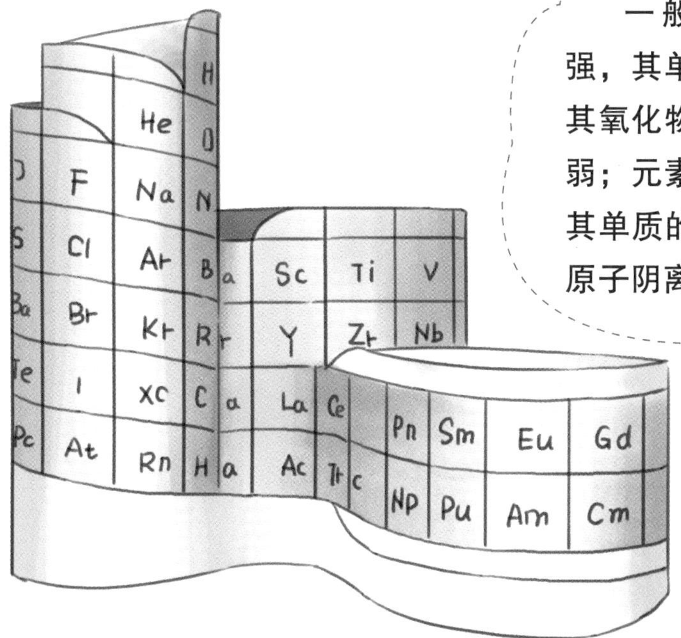

元素周期表的规律

通常情况下，同一族中的金属从上到下的熔点降低，硬度减小，同一周期的主族金属从左到右熔点升高，硬度增大。

元素周期表的意义

元素周期表的意义重大，它将看似无关的元素有规律地排列，科学家正是用此来寻找新型元素及化合物。

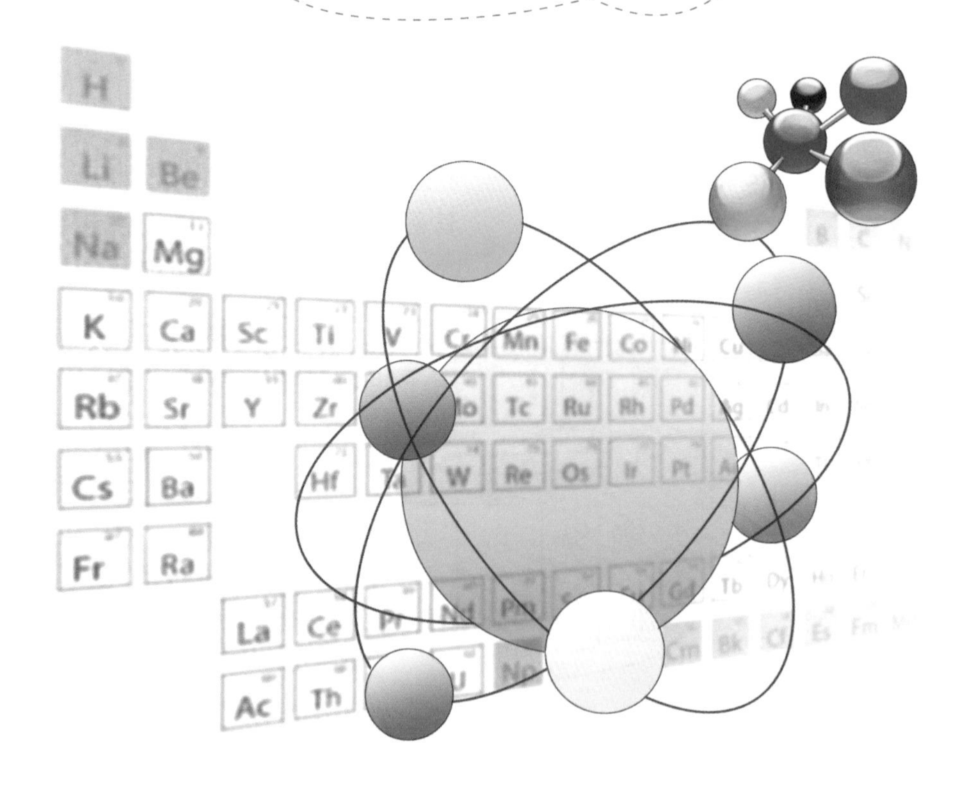

在很久以前，人们就知道利用各种物质来制造工具,因此积累了许多知识。如今现代科学，随着人们对元素研究的深入，为人们的生活带来更多便捷。

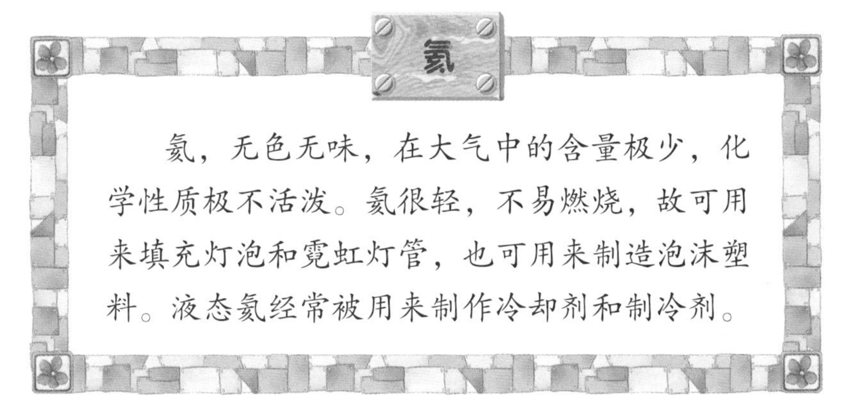

氦

氦，无色无味，在大气中的含量极少，化学性质极不活泼。氦很轻，不易燃烧，故可用来填充灯泡和霓虹灯管，也可用来制造泡沫塑料。液态氦经常被用来制作冷却剂和制冷剂。

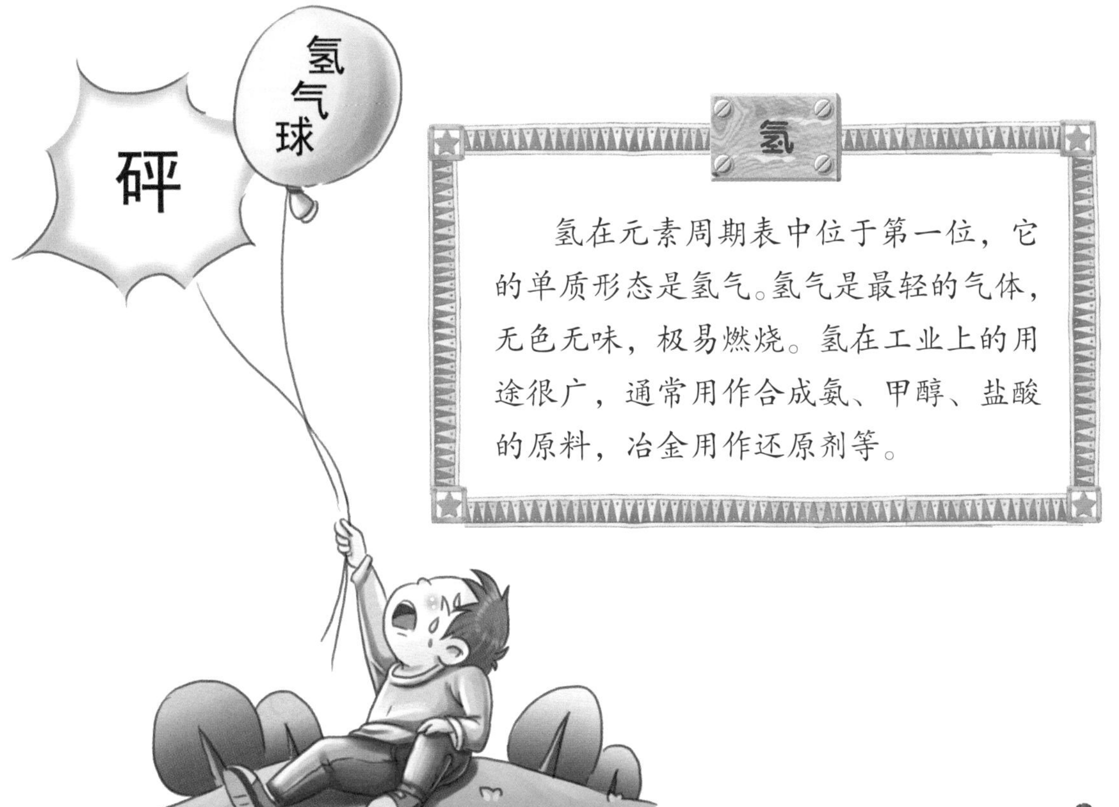

氢

氢在元素周期表中位于第一位，它的单质形态是氢气。氢气是最轻的气体，无色无味，极易燃烧。氢在工业上的用途很广，通常用作合成氨、甲醇、盐酸的原料，冶金用作还原剂等。

锂

锂，是一种银白色的金属元素，质软，是密度最小的金属。用于原子反应堆、制轻合金及电池等。人们随身携带的笔记本电脑、手机、蓝牙耳机等数码产品中应用的锂离子电池中就含有丰富的锂元素。

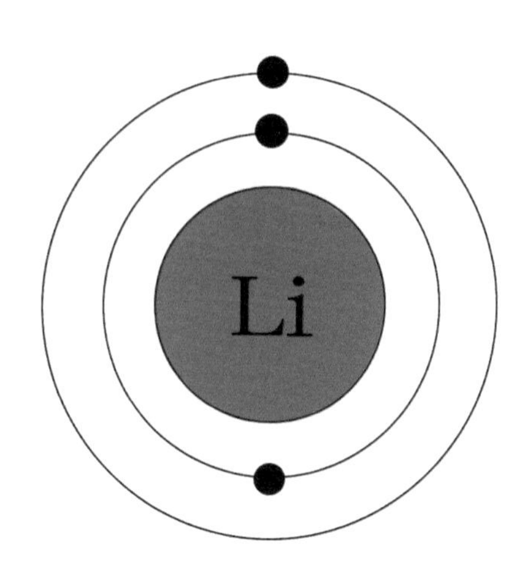

铍，灰白色，质硬而轻。透过 X 射线能力强，可用于原子能工业中，铍铝合金常被用来制造飞机、火箭等。

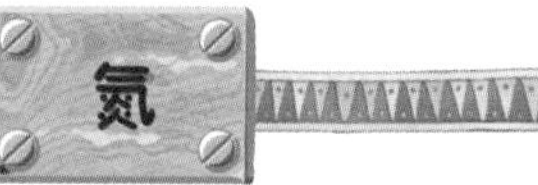

自然界绝大部分的氮是以单质分子氮气的形式存在于大气中，氮气约占空气体积的78%。氮是植物生长所必需的营养元素之一，是氮肥及多种复合肥料的主要组成，在化工、石油、电子、食品、金属冶炼及加工等工业中运用广泛。

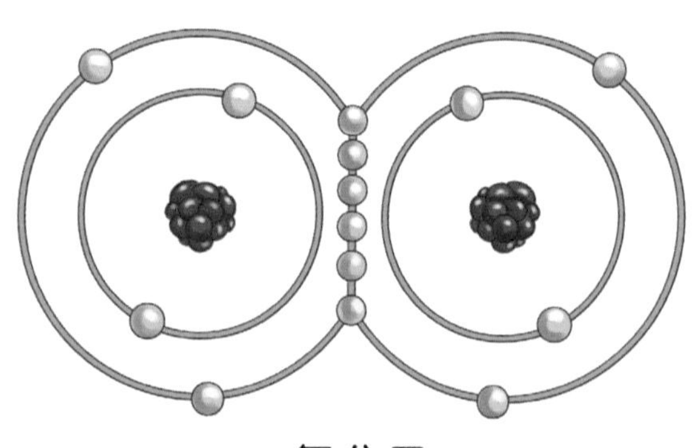

氮分子

化学是主要研究物质的组成、结构、性质和应用的自然科学；改造原有物质和制造新物质也是化学的主要研究内容，比如矿石能冶炼成各种金属，金属又能用来制造火车、飞机和轮船等。掌握化学元素与原理，能给我们的生活带来极大的便利。

二氧化碳与啤酒

当爸爸打开啤酒时，你就会看到很多泡沫，这都是因为啤酒中有二氧化碳的缘故。二氧化碳不仅能让啤酒产生泡沫、口感更好,还能让啤酒得到更好的保存。所以，在生产啤酒时，人们通过一定的压力把二氧化碳灌进瓶里。不过小孩子可不能喝酒哦！

隐形墨水

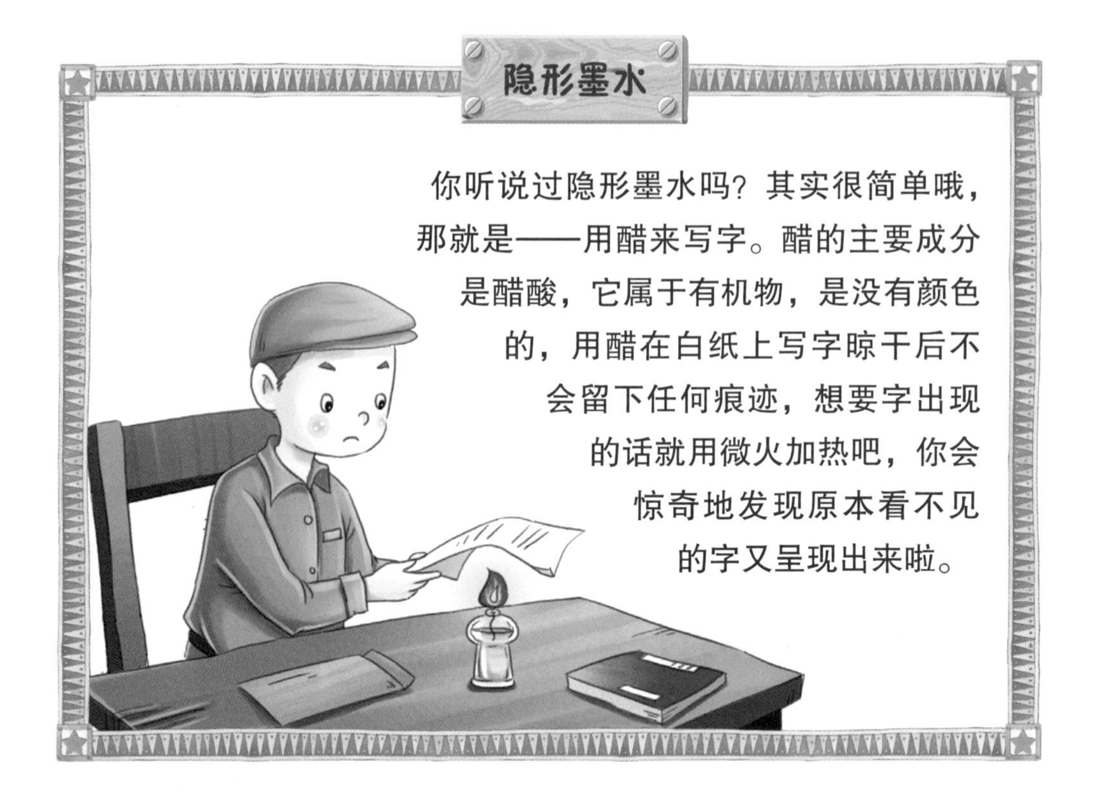

你听说过隐形墨水吗？其实很简单哦，那就是——用醋来写字。醋的主要成分是醋酸，它属于有机物，是没有颜色的，用醋在白纸上写字晾干后不会留下任何痕迹，想要字出现的话就用微火加热吧，你会惊奇地发现原本看不见的字又呈现出来啦。

钽的医学应用

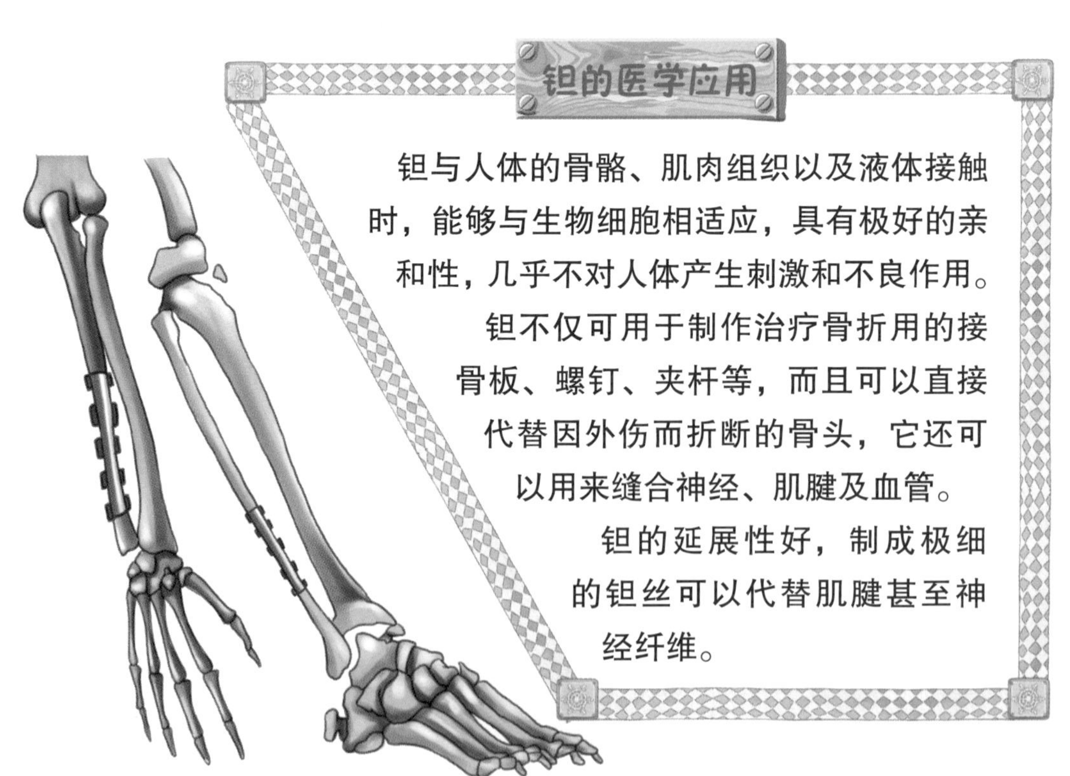

钽与人体的骨骼、肌肉组织以及液体接触时，能够与生物细胞相适应，具有极好的亲和性，几乎不对人体产生刺激和不良作用。

钽不仅可用于制作治疗骨折用的接骨板、螺钉、夹杆等，而且可以直接代替因外伤而折断的骨头，它还可以用来缝合神经、肌腱及血管。

钽的延展性好，制成极细的钽丝可以代替肌腱甚至神经纤维。

第八章

神奇的生物技术与医学

近年来，以基因工程、细胞工程为代表的现代生物技术发展迅猛，并日益影响和改变着人们的生产和生活方式；人工脏器等高新技术挽救了众多患者的生命，而克隆技术的出现，又向我们展现了生物技术神奇的新一面。

电脑里的文件可以复制粘贴，可是你有没有想过，其实你也是可以被“复制”的？当然，这就要靠克隆。

复制一个你：克隆

克隆

对于动物，特别是高等动物，有性生殖原本是自然界唯一的繁殖方式，但是分子生物学的发展改变了这一切，克隆技术就是这样一项技术。克隆技术让科学家有可能利用遗传知识调控动物生殖，在不需要生殖细胞的情况下产生新的与原个体有完全相同基因的生物个体。

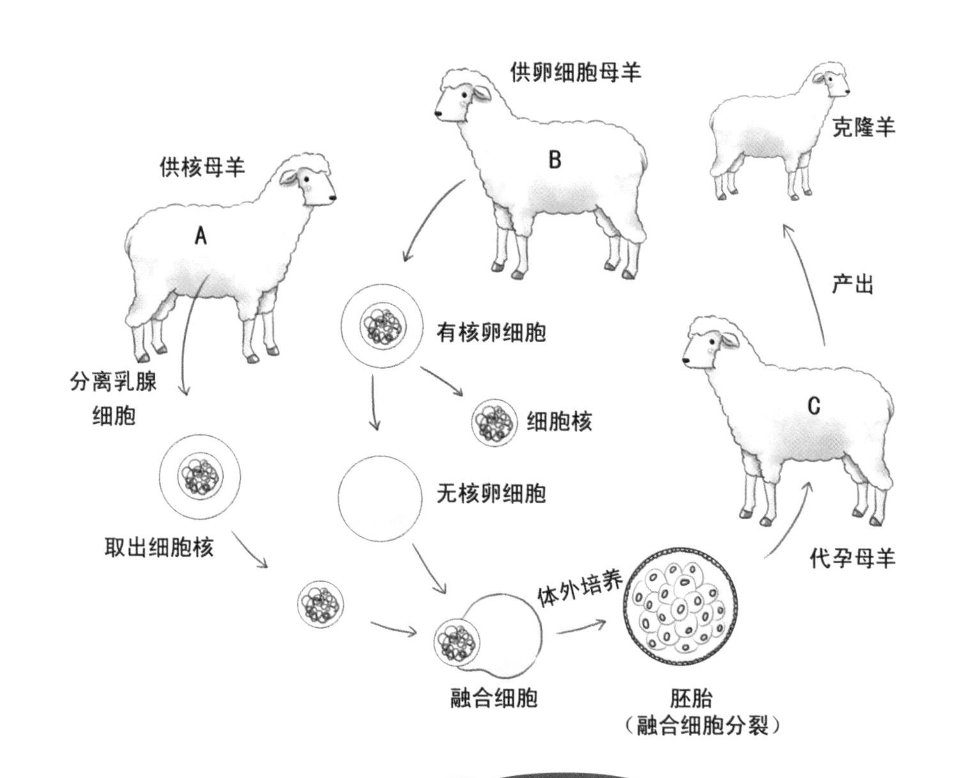

克隆羊“多莉”

20 世纪 90 年代，英国科学家先从一头绵羊 A 身上提取细胞，然后把遗传物质注射到去掉细胞核物质的绵羊 B 卵细胞中，然后将这个新合成的卵细胞放入绵羊 C 的子宫内，最后发育成一头新个体“多莉”。“多莉”的遗传物质和绵羊 A 完全相同。

克隆技术的利弊

对人类来说，克隆有利有弊。比如说，我们可以对优良的家畜、濒临灭绝的动物进行克隆。但如果有人克隆出人类，那真是太可怕了。所以，克隆技术是被禁止用于人类的。

乾坤大挪移：器官移植

随着科学技术的发展，器官移植近年来取得了令人瞩目的成就。可你知道什么是器官移植吗?

器官移植

器官移植是将健康的细胞、组织或器官移植到另一个人体内，并使之迅速恢复功能，代替已丧失功能的器官技术。皮肤是人类最早尝试进行移植的组织之一，同时也是最早获得移植成功的组织。肾脏是人类最先取得移植成功的大型器官。

骨髓移植

骨髓移植主要用来治疗急慢性白血病、地中海型贫血、恶性淋巴瘤、多发性骨髓瘤等，现在正更进一步尝试治疗转移性乳腺癌和卵巢癌。

器官移植的发展

第一例成功的角膜移植是由萨米埃尔·比格在拿破仑战争之后完成的，他为一只瞪羚移植了角膜。

1967 年，南非医生克里斯蒂安·巴纳德将一位因车祸头部损伤将要死去的女性的心脏，移植给了一位患心脏病而生命垂危的病人。这是最早的人类心脏移植手术，实现了技术上的突破。

1989 年 12 月 3 日，世界首例肝心肾移植手术在美国获得成功。

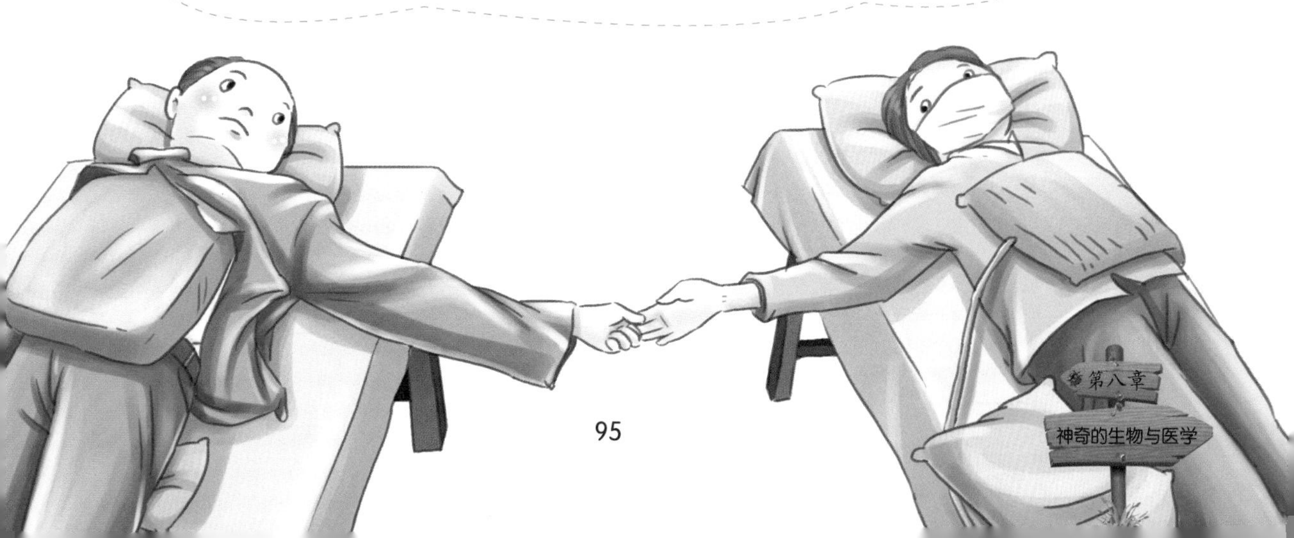

美酒是这样酿成的：发酵

蒸馒头时，我们会看到这样不可思议的画面：小小的面团一会儿就膨胀变成了蓬松可口的大馒头。整个过程看起来就像被施了魔法一样。其实，面团中不过是添加了一些酵母而已。

酵母

酵母是一种单细胞微生物，它被添加到面团以后，可以通过新陈代谢将糖类转化成二氧化碳气体以达到使面团蓬松的目的，这就是发酵的过程。

酵母是一种有益的生物膨松剂，对人体没有副作用，还可以提供人类所需的而又容易缺乏的营养物质和维生素。

乳酸菌

乳酸菌常被视为健康食品而添加在酸奶之中，它的发酵原理是在酶的催化作用下将葡萄糖转化为乳酸，同时释放出能量供自身的生命活动使用。

酒曲

酒曲酿酒是中国酿酒的精华所在，原始的酒曲是发霉或发芽的谷物，酒曲中有大量的微生物及微生物所分泌的酶（淀粉酶、糖化酶和蛋白酶）。酶具有生物催化作用，可以加速谷物中的淀粉、蛋白质等转变成糖和氨基酸。糖分在酵母菌的作用下，又被分解成了乙醇，即酒精。

从源头遏制疾病：疫苗

宝宝出生后，要在左上臂三角肌外缘处注射卡介苗，被称为“出生第一针”，能帮我们预防结核病。你看看自己的手臂上有一个小疤痕吗？那就是卡介苗所留下的。

疫苗

疫苗是用细菌、病毒或肿瘤细胞等制成的可以使机体产生特异性免疫的生物制剂。疫苗能够预防或控制很多流行性疾病的传播和爆发，甚至彻底消灭某些疾病。

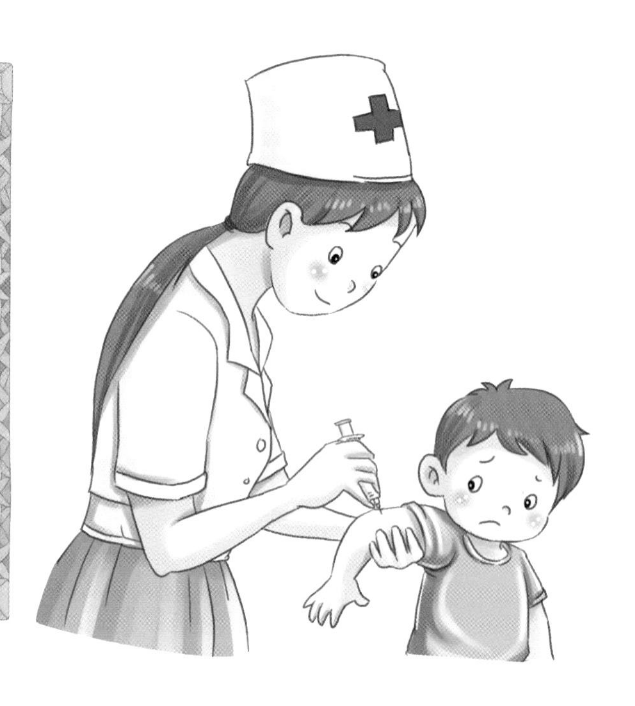

狂犬病疫苗

狂犬病流行性广，死亡率很高。因此，如果不小心被猫、狗等动物咬伤之后，一定要及时接种狂犬病疫苗。

第九章

身边的科学

随着科技的发展，我们的生活也越来越方便。拨弄一下开关，黑夜就亮如白昼；把食物放进冰箱，几天都不会变质；将脏衣服扔进洗衣机，按下开关，脏衣服就变得干干净净了；打开电脑，就能足不出户而知天下事了……

掌上世界：平板电脑

你玩过平板电脑吗？如果你玩过的话，就知道它是多么的便捷啦！不用键盘不用鼠标，只要用手在上面轻轻一点，就能完成你想要完成的指令。

第一台商业平板电脑

第一台商业发售的平板电脑是 1989 年 9 月上市的由 GRiD Systems 制造的 GRiDPad，它的操作系统基于 MS-DOS。

平板电脑的不同

平板电脑拥有触摸屏，允许我们通过触控笔或数字笔来进行作业。它比普通的电脑要小和薄，有的甚至能随手放进我们的手提包里，非常方便携带。

平板电脑的最初构想

1960年，平板电脑的构想就已经诞生，并提出了一种用笔输入信息的新型笔记本电脑构想。

并不成熟的平板电脑

2002 年，微软正式推出 Tablet PC，是一种基于 XP 系统的触控旋转屏笔记本，不过，那个时候的平板无论是系统还是硬件都更接近笔记本形态，算不上真正意义上的平板电脑。

重新定义平板电脑

2010 年 1 月，苹果公司推出的 ipad 让平板电脑走进千家万户，无论是系统还是硬件工业设计，ipad 与传统电脑的操作系统相差很大，可以说，ipad 的出现重新定义了平板电脑。

显像高手：电视机

我们几乎每天都有看电视，可是你知道电视机被人们公认为是20世纪最伟大、最重要的发明之一吗？它第一次使文字、图像和声音能够同时展现在人们的面前。

电视信号的功劳

电视机不仅有声音，还有栩栩如生的画面，能给我们带来大量的信息。这些都要归功于电视信号。

电视机的原理

电视机由复杂的电子线路和喇叭、荧光屏等组成，以前的电视机都是通过天线接收电视台发射的高频电视信号，再通过电子线路分离出视频信号和音频信号，分别通过荧光屏和喇叭展现图像和声音。随着数字电视的普及，数字机顶盒走进了很多家庭，它可以将数字信号转换成模拟信号，画面更为清晰、稳定。

不怕饭菜变坏：冰箱

很多小朋友在夏天喜欢喝冰饮，这就离不开冰箱了。可是你知道冰箱它为什么能制冷吗？

冰箱制冷的原理

刚洗完澡或是刚从泳池中上来时，你是否会感觉全身发冷？这是因为你皮肤表面的水在蒸发。蒸发产生的水蒸气混入空气中，很难被人察觉。在蒸发过程中，水从你的身体带走热量，你自然会感觉发冷。液体蒸发的时候，都会从周围带走热量。当气体变成液体时，它释放出热量。冰箱就是根据这种原理来制冷。

冰箱为什么能保持低温

冰箱为人们的生活带来了极大的方便，它不仅能精确控温，还能实现自动化运行，构建最适宜的保鲜环境。冰箱之所以能制冷，是因为冰箱里有一种特殊的气体制冷。气体在冰箱内膨胀是被压缩成液体的制冷剂气化、膨胀，制冷剂从液态到气态，吸收大量热量；在冰箱外又被压缩、液化，放出热量，如此循环便起到制冷作用！

转转就干净：洗衣机

你帮妈妈洗过衣服吗？是不是觉得洗衣机真是很方便呢？它不仅能洗衣服，还能把衣服甩干、烘干，还真是个好帮手！

洗衣机的种类

我们常见的洗衣机一般有两种：滚筒洗衣机和直筒洗衣机。滚筒洗衣机通过滚筒的转动使衣服在肥皂水里翻滚，从而去除污垢；直筒洗衣机底部有一个搅拌器，搅拌器的叶片搅动衣服，使衣服变得干净。

滚筒洗衣机的运作过程

当我们把衣服放入洗衣机并加洗衣粉或洗涤剂，再关紧洗衣机，按下开始键时，洗衣机就开始了它一连串的工作。

注水：一个被称为传感器的小芯片会根据水位控制开关。

洗涤、漂洗：在电机的带动下，衣服会被洗干净，之后水泵会将脏水从洗衣机里抽出，洗完后又会被注满清水。

甩干：漂洗完水被抽出后，控制电路会将马达的速度调高，洗衣滚筒开始高速旋转甩干衣服中的水。

在我们成长的过程中，爸爸妈妈给我们拍了很多照片，这当然离不开照相机的功劳啦！但它是怎么记录画面的呢？

照相机的构成

照相机主要由机身、镜头、光圈、快门、五棱镜构成。

机身既是照相机的暗箱，又是照相机各组成部分的结合体。镜头是最先接触到光的地方，由多面镜组成，负责聚光。光圈是由数片互相重叠的金属片构成，可以调节光量。快门主要控制光通过镜头的时间，也就是曝光的时间。五棱镜的作用是将从镜头进来的影像变成正像。

简易照相机

最原始的照相机是一种针孔照相机，利用小孔成像的原理。它前面有一个针孔般的小洞，只要把洞朝向光源，就能聚集光线，把前面的景物投影到相机后面的胶卷上。

照相机的改良

1826 年，法国人尼普斯以自制照相机，曝光 8 个小时，拍得世界上第一张照片，但影像非常模糊。到 1839 年，法国画家达盖尔将它改良，发明银版摄影术，可以清楚地拍出影像，但曝光时间仍然很长。

1888 年，美国柯达公司乔治 · 伊士曼改良了照相机，随后柯达公司将它普及化，使照相不再是贵族的专利。

数码相机

数码相机是电子式的影像感测器。感测器能直接把景物反射光线转为数码信号，所以，数码相机不需要用底片，只要有一张可反复使用的储存卡就够了。

全息照相

全息照相将激光技术用于照相，在底片上记录物体的全部光信息，而不像普通照相仅仅只记录物体的某一面投影。因此，当底片上的物体重现时，就产生了十分逼真的视觉效果。

除尘好帮手：吸尘器

“嗡嗡嗡……”听真空吸尘器工作时的声音，真像是一个怒嚎的怪兽，但它却是人们生活中的好帮手，它能帮人们把房间打扫干净，连一丝灰尘也不放过。

吸尘之谜

吸尘器一般都配有一个刷头，刷头随马达一起转动让脏物松散，然后吸尘器就可以轻松地把这些脏物吸进灰尘袋中。

吸尘器的马达

吸尘器“嗡嗡嗡”的声音是来自它的马达，马达驱动着一个风扇，风扇使得吸尘器将灰尘从地面经吸尘器的软管吸到袋子里。

不差分毫的复写：复印机

过去，人们想要把一份文件变成好几份，只能垫上复写纸用手抄写，如果需要的份数比较多，就要采取印刷的办法来解决了。直到复印机出现以后，文件复制才变得又快又方便。

复印机的工作原理

复印机在工作时，会有一道很强的光从文件上扫过，并使装在复印机里的粉末带上电。随后，这些带电的粉末被吸到复印纸上，就会在纸上显出和原来的文件一模一样的文字或图画。

第一台全自动复印机

1959 年 9 月，美国施乐公司制成了世界第一台落地式 Xerox914 型全自动复印机，掀开了世界办公用复印机历史上最崭新的一页。

也能复印的传真机

传真机也能复印东西，这是因为传真机利用了静电的原理，用静电将墨粉吸引到要复印的字迹上，所以它也能将文件图像复制下来。

电话里有它们，电脑里也有它们。没有它们，这个社会不知道会变成怎么样！它们就是微处理器。

快过人脑：微处理器

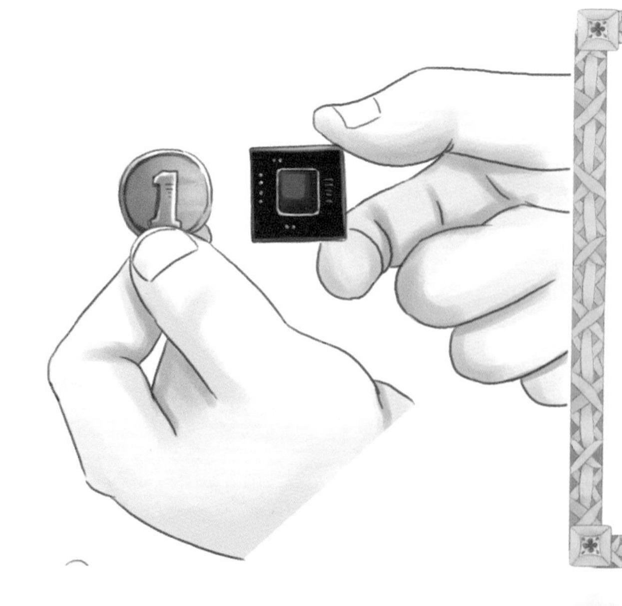

计算机系统的核心

微处理器，即CPU(Central Processing Unit，中央处理单元，又称微处理器)是指由一片或几片大规模集成电路组成的具有运算器和控制器功能的中央处理机部件，它是计算机系统的核心，支配整个计算机系统工作。

速度超快

微处理器用各种各样的方式给我们的生活带来便利，微处理器是芯片的一种，上面运行着驱动电子设备的电磁信号。微处理器体积可以很小，小到可以放到你的手指尖上，但是它运行的速度比我们的大脑还要快。

微处理器的电路

构成微处理器的小芯片上刻满了沟回，每道沟回里有着成千上万个微小的电子开关。这些开关之间由非常细的金属线连接，构成我们所说的电路。

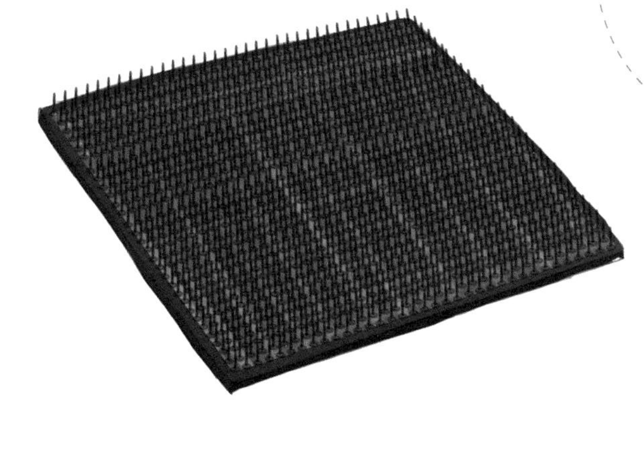

集成电路

微处理器又叫集成电路，由它们组成的如计算机一类的设备又小又轻，而且方便使用。

当你使用这些设备时，一股股电流飞快地在集成电路里跑来跑去。这一股股电流携带的就是信息，告诉设备做这做那。

第一台计算机

在现代社会生活中，计算机已经成为人们生活、工作、娱乐必不可少的一部分。1946 年，世界上第一台计算机诞生在美国，它的体积非常大，足足占据了一个很大的房间。它的设计人——冯·诺依曼，也被誉为“现代计算机之父”。

第十章

前沿科学

科学，总给人以一种高、精、尖的感觉。确实有很多先进科技让我们感到神乎其神，比如能飞进太空的火箭和飞船、能下潜数千米深海的潜艇、能突破音速的高速飞机……现在，就让我们见识一下这些高新科技吧！

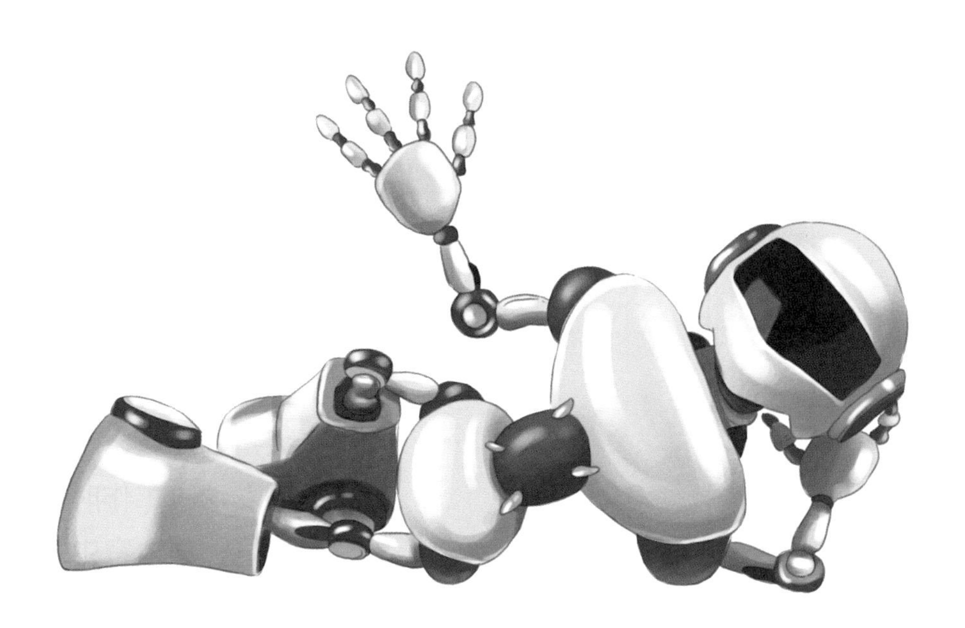

太空的探索者：火箭

地球是人类的摇篮，但我们不会永远活在摇篮里。为了探索更多的未知空间，人们飞出了大气层，飞进了太空。在这个过程中，火箭起到了至关重要的作用。

火箭的飞行原理

火箭内部储存着大量的燃料和氧化剂，它在燃烧时，会产生很多高压气体。火箭利用高压气体喷出后产生的反作用力飞向太空。

飞机不能进入太空

飞机虽然储存了大量的燃料，不过它的发动机工作时需要氧气，而太空中是没有氧气的，所以飞机的飞行高度有限，更无法在太空中飞行。

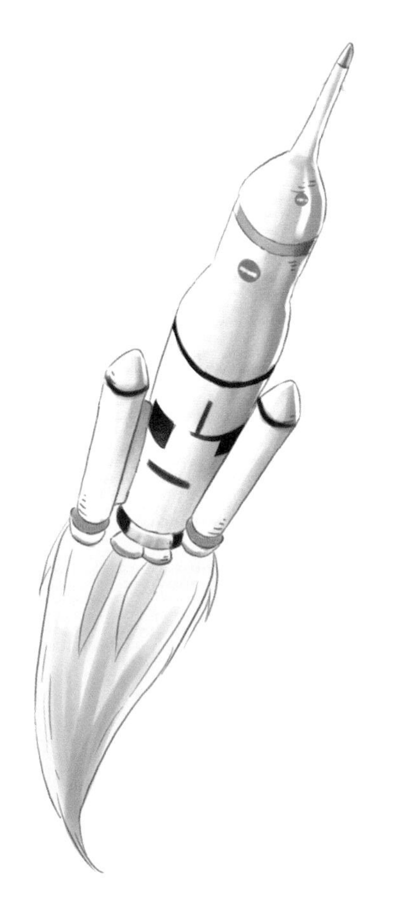

火箭高飞的“秘密”

火箭要想飞得快、飞得远，必须多装燃料，可是燃料一增加，火箭的体积、重量也随之增加，飞行的难度也会增大。怎样解决这个问题呢？

科学家想出了一个绝妙的办法：把火箭做成一节一节的，每一节里都有燃料和发动机，燃完一节的燃料就扔一节，火箭的重量越来越轻，速度越来越快。这样，火箭就能挣脱地球的引力，飞向太空。

人造卫星

科学家用火箭把人造卫星发射到预定的轨道，使它环绕着地球或其他行星运转。

人造卫星为我们的生活提供了极大的便利，它能帮助人们进行气象观察、军事侦察、定位导航、电视转播、营救搜索等。

地球的守卫者：人造卫星

很早以前，当人们认识到月球是围绕地球旋转的唯一天然卫星时，就开始向往着制造人造地球卫星（简称人造卫星）。而今，人造卫星已经有了突飞猛进的发展。

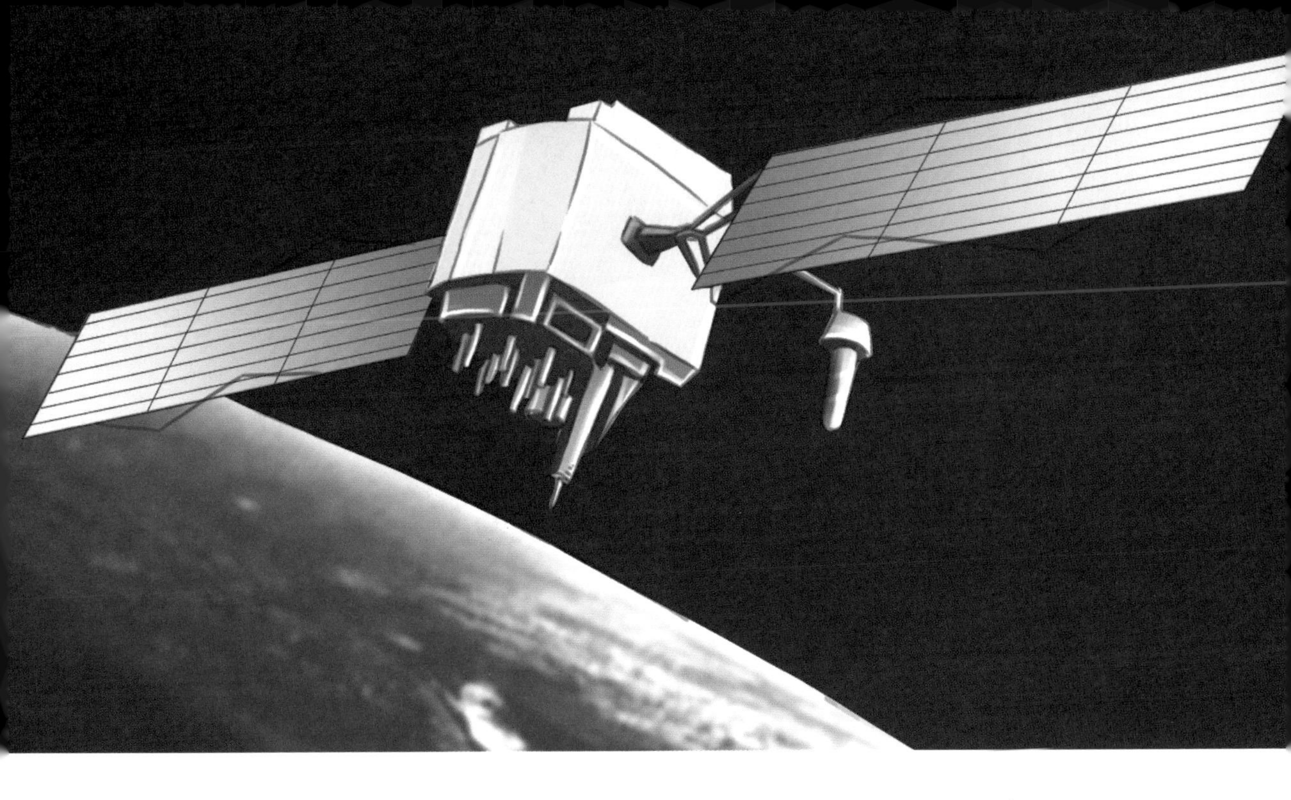

第一颗人造卫星

1957 年，世界第一颗人造地球卫星高速穿过大气层进入了太空，绕地球旋转了 1400 周。它的发射成功，是人类迈向太空的第一步，这就是苏联发射的“人造地球卫星”1号。

“东方红 1 号”

我国第一颗人造卫星是 1970 年发射的“东方红 1 号”卫星，因此我国也成为继苏联、美国、法国、日本之后，世界上第五个用自制火箭发射国产卫星的国家。

人类从很早的时候起，就幻想能在天空中自由翱翔，后来，飞机帮人们实现了这个梦想。

飞机的构成及其作用

大多数飞机都是由机翼、机身、尾翼、起落装置和动力装置构成。

机翼上有安装发动机、起落架和油箱等，让飞机能在空中飞行并有一定的稳定和操纵作用；机身的主要功用是装载；尾翼可以操纵飞机俯仰和偏转，并保证飞机能平稳地飞行；起落装置是用来支持飞机并使它能在地面和水平面安全地起落和停放；动力装置主要用来产生拉力或推力，使飞机前进。

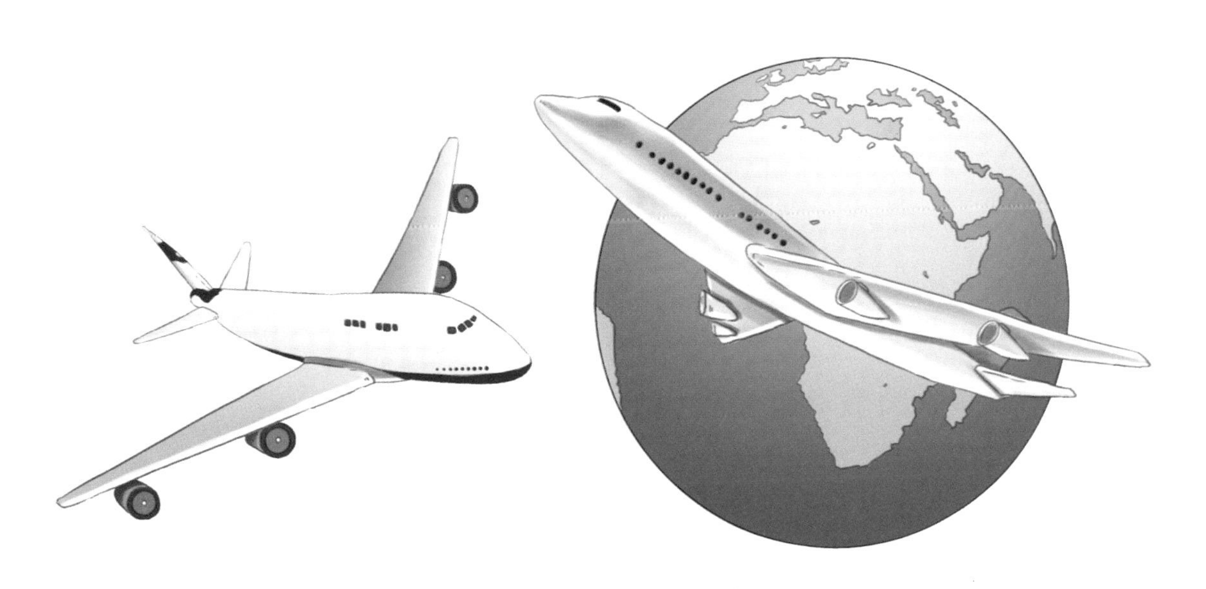

飞机的飞行

机翼就是飞机的“翅膀”，形状比较特别，机翼上表面呈弧形,下表面是平直的。因此,机翼上表面的面积要比下表面大。这样，上机翼上表面的压力就小一些。于是，空气把机翼往上抬的力，就会超过空气把机翼往下压的力，飞机就能起飞啦。

停在空中的直升机

直升机是一种很特别的飞机，它的身体两边没有宽大的“翅膀”，而是飞机顶上有几片像吊扇一样的翼片。就是这些薄薄的翼片，它们飞快地转动，使空气产生一股巨大的升力，从而将直升机“抬”了起来。

深海中的潜行者：潜艇

你坐过船吗？也许坐过，但这种船你肯定没坐过——潜艇。

潜艇是能在水下航行的机器，同时，它们也能像常规舰船一样浮在水面上航行。

潜艇的应用

第一次世界大战后，潜艇得到广泛运用，担任许多大国海军的重要位置，其功能包括攻击敌人军舰或潜艇、近岸保护、突破封锁和侦察等。

潜艇也被用于非军事用途，如海洋科学研究、勘探开采、维护设备、搜索援救、海底电缆维修等。

核潜艇

核潜艇是潜艇中的一种，它的动力是核反应堆。核反应堆能发出大量的热，将水变成蒸汽，蒸汽推动引擎，引擎转动螺旋桨，螺旋桨推动潜艇航行。核潜艇水下续航能力很强，能达20万海里。

声波来“帮忙”

潜艇一般都能下潜到300米左右，那么它是依靠什么辨别方向的呢？它为何不会撞到珊瑚礁之类的呢？这都得归功于声波。因为声波在水中能传递得很远，潜艇就是利用声波来探测航线的。

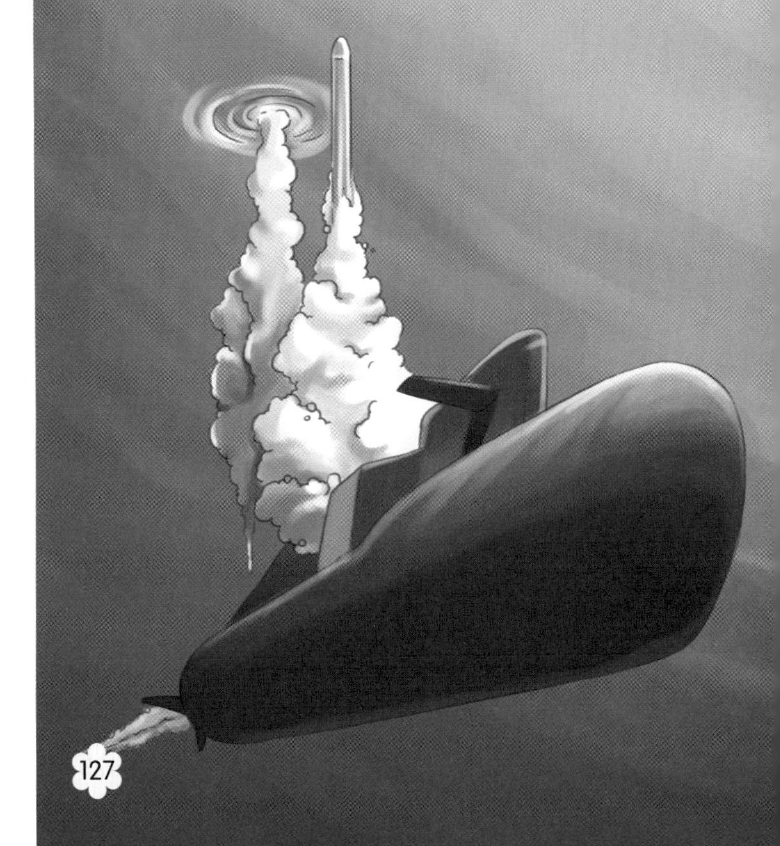

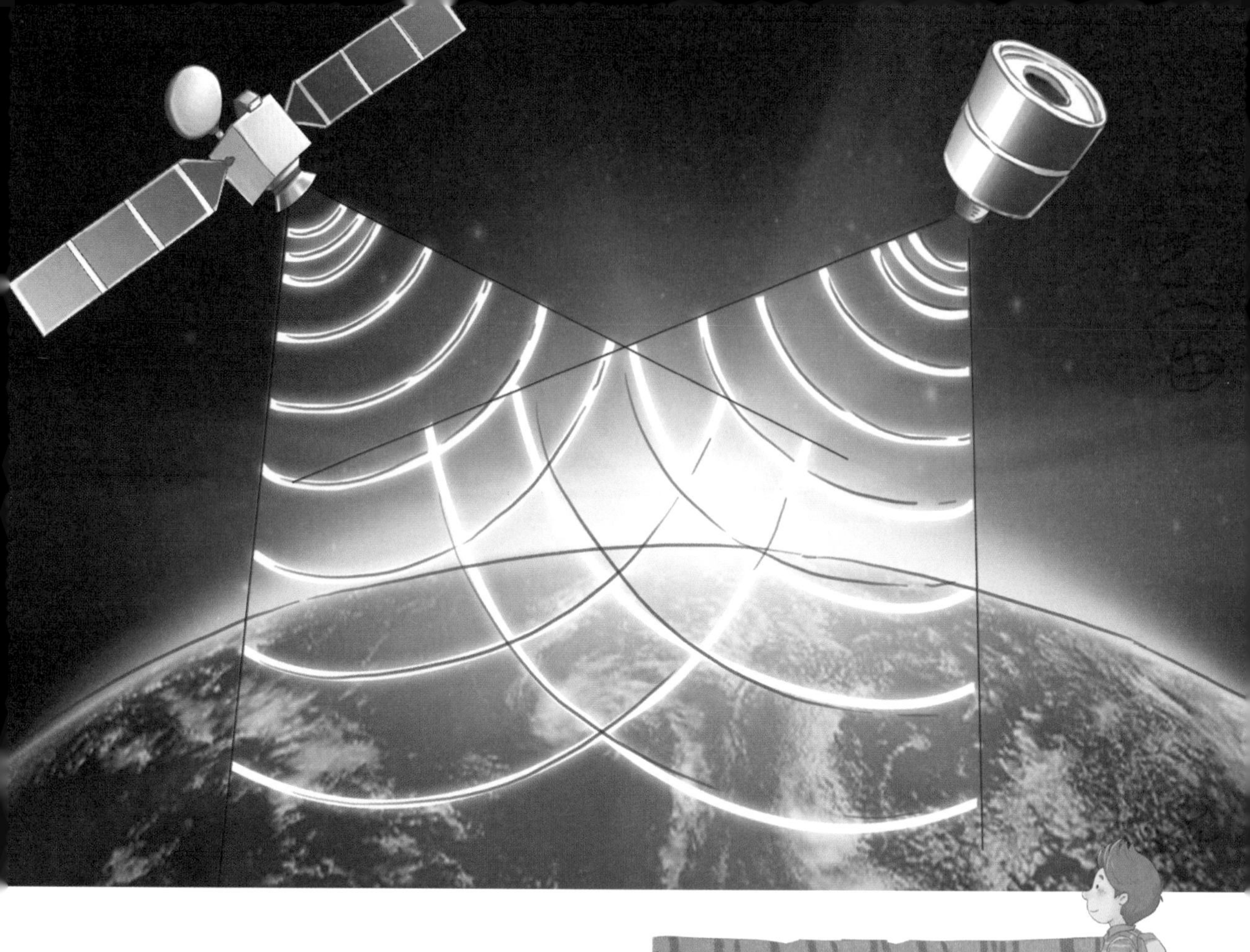

想找就找：GPS 全球定位

周末要去一个地方玩，我们都不知道路，可爸爸说没关系，交给 GPS，果然我们最后很顺利地到达了目的地。可是 GPS 是什么呢？

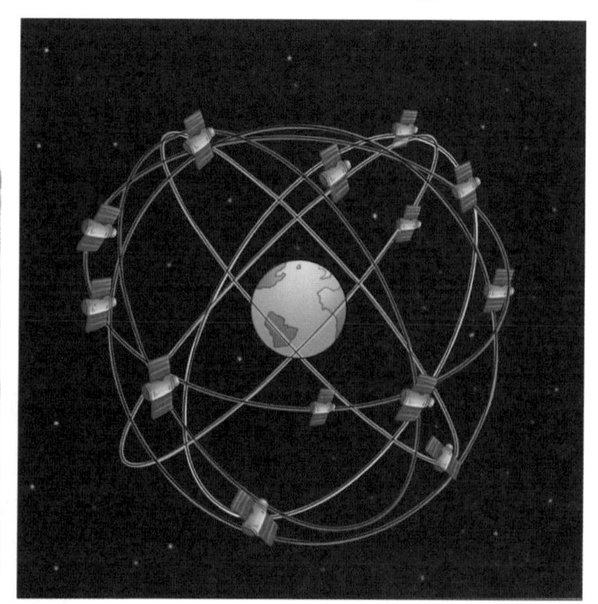

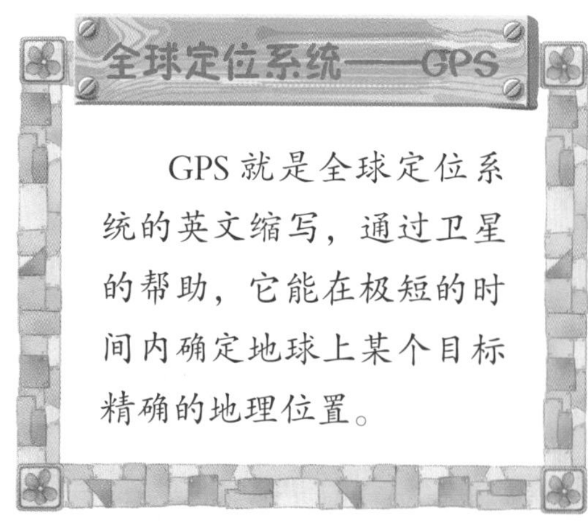

全球定位系统——GPS

GPS 就是全球定位系统的英文缩写，通过卫星的帮助，它能在极短的时间内确定地球上某个目标精确的地理位置。

GPS的广泛应用

GPS应用非常广泛：在交通工具导航、交通管理等方面起着举足轻重的作用；在很多大型的道路桥梁工程中发挥测量作用，GPS测量达到了常规方法难以实现的精度；GPS也被应用到安全方面，警方通过引入GPS强化防控体系，不仅可以秘密报警，还能有效地遏制犯罪，提高警方的破案率。

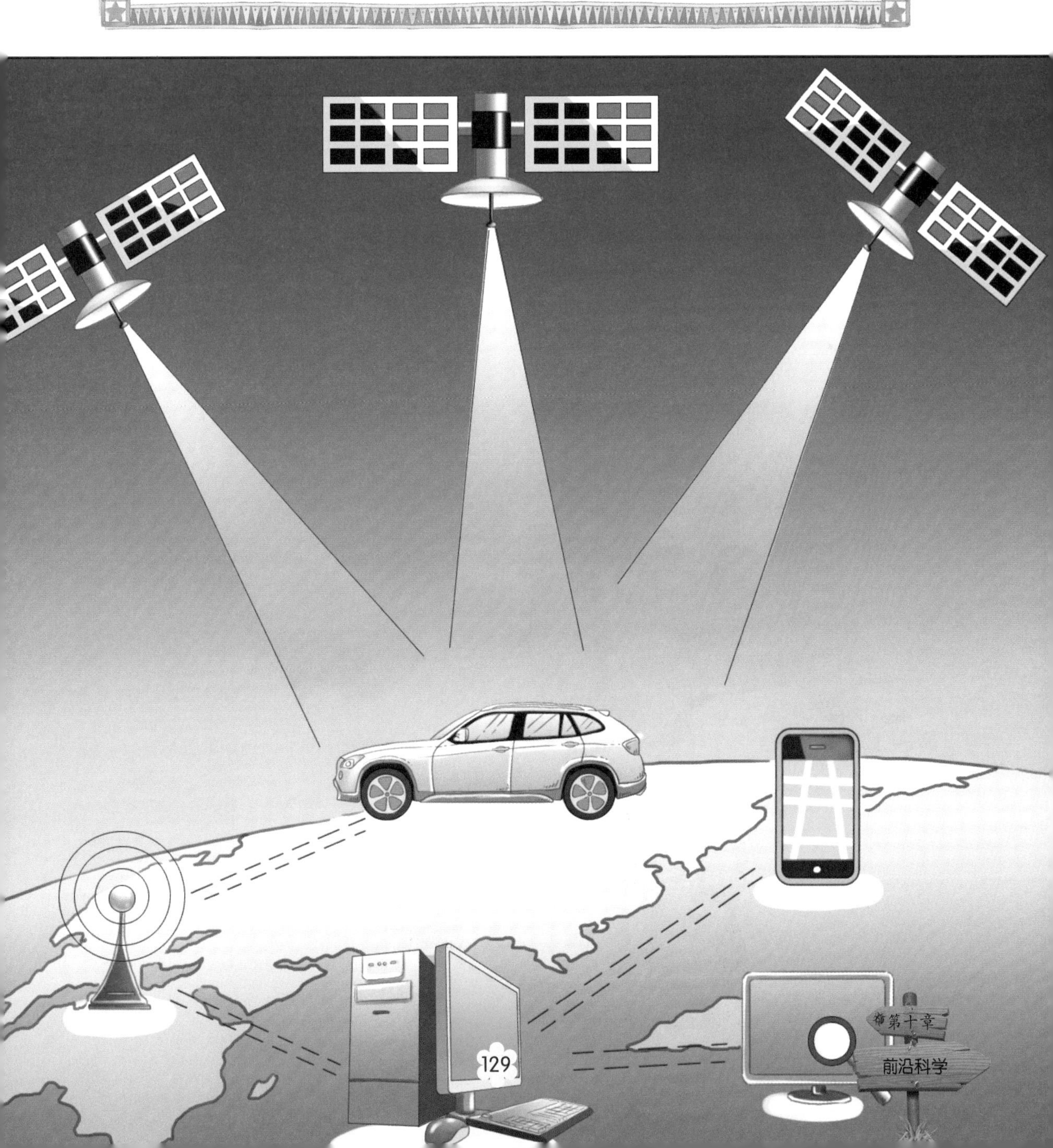

另类超人：机器人

我们的世界现在有着各种各样的机器，其中最为先进的要数机器人了。机器人能完成很多人类完成不了的事情，能去人类还去不了的地方，比如说深海、火山内部、太空等。

机器人的应用

现今，对人类来说，太脏、太累、太危险、太精细、太粗重或太反复无聊的工作，常常会交给机器人代劳。从事制造业的工厂里的生产线就应用了很多工业机器人，其他应用领域还包括：建筑业、石油钻探、矿石开采、太空探索、水下探索等。

机器人的工作原理

工业机器人可以直接接收人类指令，可以执行预先编排的程序，也可以根据以人工智能技术制定的原则行动。所以我们可以看到在工厂中，机器人们井井有条，各司其职。

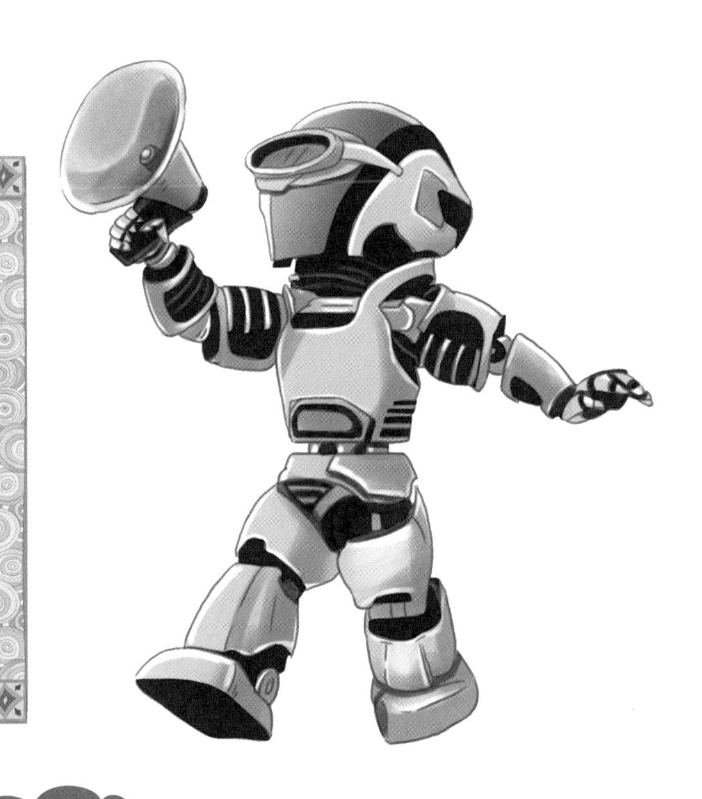

机械肢

随着科学家对技术更多的掌握和了解，他们不断地发明着对人类有用的新机器。比如说，机械肢——人工手或腿——可以像真手真腿一样移动和弯曲。人工手或腿中的电子部件会收到我们的神经系统活动时发出的电流，并理解这些电流表达的信息。这些信息指导电动马达运转，控制人工手或腿的活动。

超级电脑：
巨型计算机

说起电脑，你可能并不陌生，但是你知道超级电脑吗？如果你见过巨型计算机的话，就会知道我们常见的计算机实在太小巧啦！

研发的意义

巨型计算机的研制水平往往标志着一个国家科学技术和工业发展的程度。截至 2009 年，世界上仅有 3 台千万亿次的计算机，其中一台就是 2009 年在中国长沙研制成功的每秒运算 1 万亿次以上的巨型计算机——“天河一号”。

巨型计算机

巨型计算机是一种超大型的电子计算机，融入了当今世界最尖端的技术，具有很强的计算和处理数据的能力。它主要用于核物理研究、核武器设计、航天航空飞行器设计、国民经济的预测和决策、能源开发、中长期天气预报、卫星图像处理、情报分析和各种尖端科学研究方面，对国民经济和国防建设有很重要的价值。

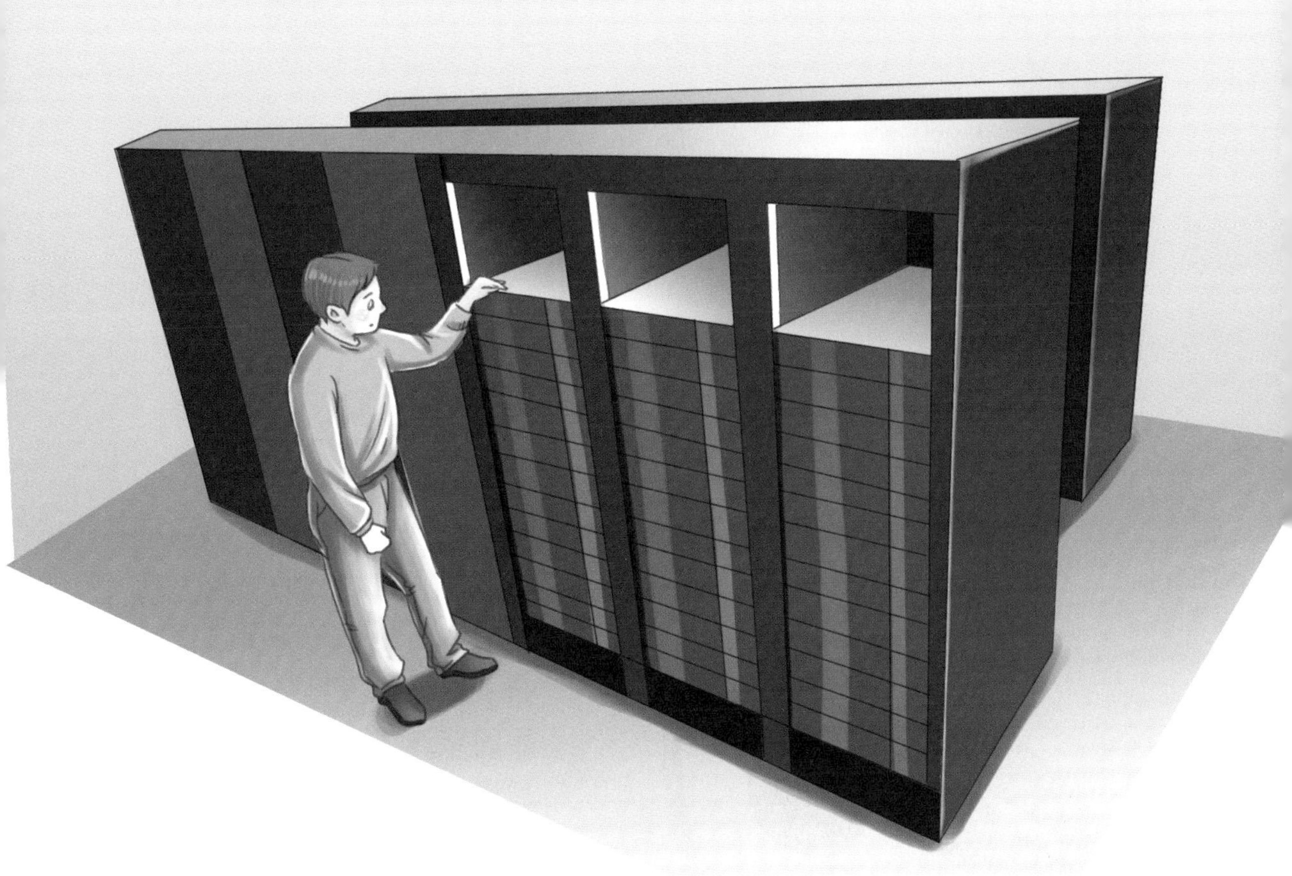

巨型计算机的体积非常庞大，它能堆满整个屋子。

方便你我他：蓝牙技术

科技时代，蓝牙技术这个新的无线通信技术也登上了历史的舞台。利用蓝牙技术，能够有效地简化掌上电脑、笔记本电脑和移动电话之间的通信。

蓝牙

蓝牙可以在包括移动电话、掌上电脑、无线耳机、笔记本电脑、相关外设等众多设备之间进行无线信息交换，它使数据传输变得更加迅速高效。

蓝牙耳机

蓝牙技术很常见的应用是蓝牙耳机，它的出现为我们的生活提供了不少方便：它可以让你不再受恼人的电线的牵绊了。而且使用蓝牙耳机还能避免长时间保持同一个姿势通话造成手、脖子、耳朵的酸痛。

第十一章

科学问答式

我们的生活，因为有了科学而便捷了很多，很多看似简单的现象，其实蕴藏着科学奥秘，就让我们带着疑问，去科学的世界逛一逛吧！

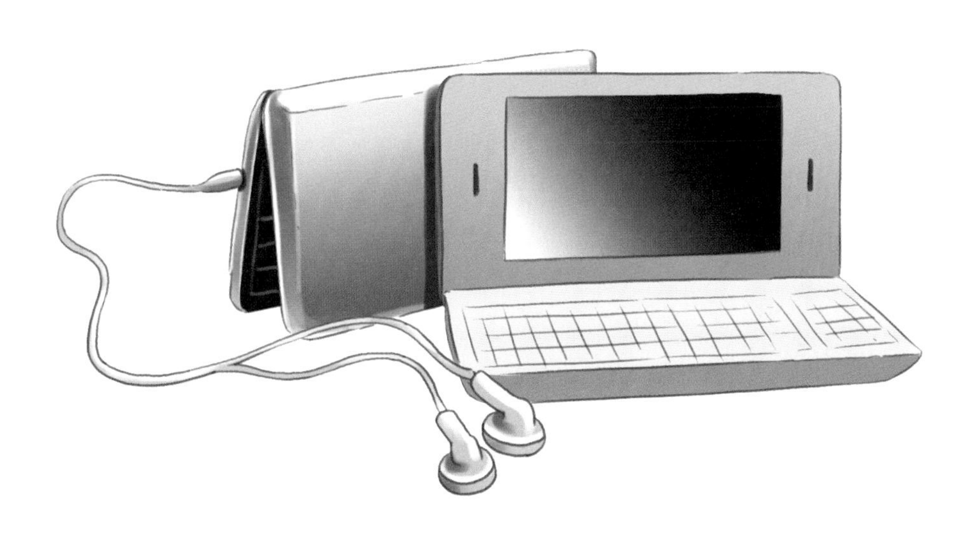

霓虹灯为什么这么灿烂

绽放的霓虹灯，编织了夜的绚美，像一幅流光溢彩的立体画点缀了整个城市。可是，它为什么会如此灿烂呢？

霓虹灯的制作

有些气体不仅能导电还能发出炫目的红光，霓虹灯世界的大门因此而打开。

霓虹灯的颜色与灯管中的气体有着密切的关系。比如说，你想要用灯管来做一个“太阳”，那么就要充入氦气；如果想要做一个小水滴，应该在灯管内充入氩气，灯管会发出蓝色的光芒；如果想要鲜绿的“树叶”，试试用氙气注入灯管吧。

宇宙为什么静寂无声

在地球上，有着各种各样的声音。但是在太空，浩瀚的宇宙竟然没有一丝声音。

寂静的宇宙

我们知道，声音的传播是需要介质的，但是太空没有空气等介质，虽然宇宙中也有固体——星球，但是最近的星球之间的距离对于声音来说也是鞭长莫及。声波没有介质的帮助不能扩散，我们自然就听不到任何声音了。

大声说话为什么会引起雪崩

有经验的登山队员都知道，在雪山峡谷和山上是不能大声说话的，因为过大的声音可能会引起雪崩。你知道这是为什么吗?

能致命的雪崩

雪崩，俗称“白色雪龙”，是在长年积雪的山中常有的自然灾害，雪崩对登山运动往往是致命的，他们可能会被大雪冲走，被厚厚的雪层吞没，甚至死于雪崩产生的大型气浪。每年都有很多人死于雪崩。

大声说话会引发雪崩

积雪中的雪颗粒像一个个懒散的孩子，松松散散地堆积在一起。平常的时候，高山上积雪受到的重力和积雪之间的拉力刚好平衡，积雪才不会滑落到山谷。当我们大声说话时，声波振动的力度和频率都比较大，当声波传至积雪附近就可能会引起雪颗粒之间的空气与声波一起振动，拉力减小，从而造成雪崩。

为什么声音可以用来灭火

我们都知道水可以灭火，可你知道声音也能灭火吗？就让我们用硬纸、剪刀、胶水来做一个简易的“声音灭火器”吧。

声音灭火器

将硬纸做成一个圆筒，并用硬纸剪成的硬纸圆将两头粘牢，在其中一头的硬纸圆剪一个小圆洞。要注意，两头一定要粘牢，不能漏气。

把圆筒有洞的一端对准燃烧的蜡烛，然后不停地弹纸盒底，圆纸盒发出了“扑扑”的声音。不一会儿，你就会发现蜡烛的火焰熄灭了。

其实声音本身是一种波，而声波是有压力的。在这个压力的作用下，火焰便被“压”灭了。

很多同学在遇到不认识的英语单词时，会去求助电子词典。电子词典个头虽小，但功能可大着呢！

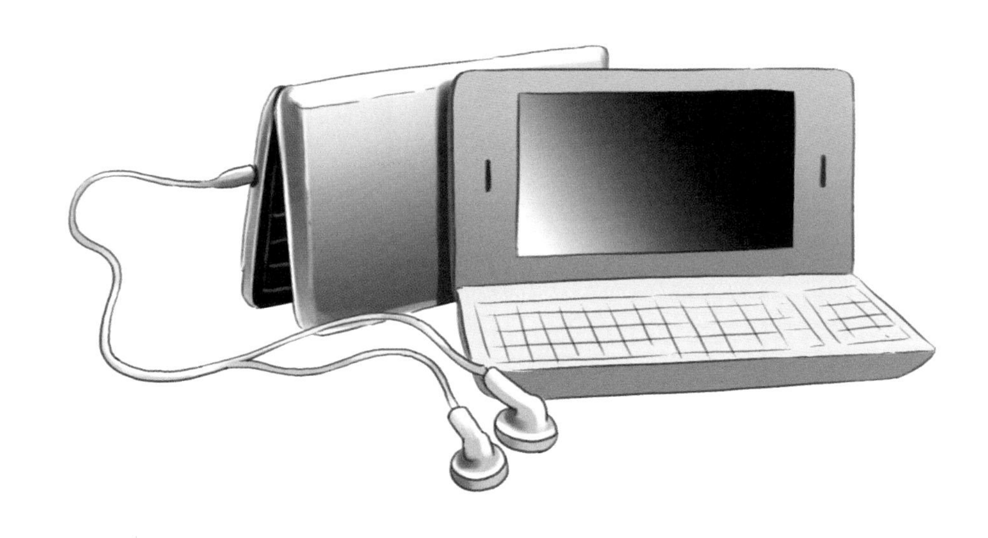

强大的字典

电子词典里面有一台每秒钟能运算几百万次的微电脑，它可以容纳十几万个单词，超过《新英汉词典》一倍多；可以帮助我们将英文转换成汉字，或者将汉字翻译成英文并读出来；甚至可以自动纠正输入时的拼写错误，找出所要的正确单词。还真是强大呀！

条形码是什么

我们在商店买东西付账的时候，会看到售货员把商品上的条形码对准读码器扫一下，电脑屏幕上就显示出商品的名称和价格。还真是方便呢！

条形码的组成

条形码是由一些粗细、间距、数量不同的黑色条纹排列在一起的，按照一定的编码规则排列，表达出相应信息的图形标识符。条纹下面的数字可以输入电脑，确认物品的详细情况。

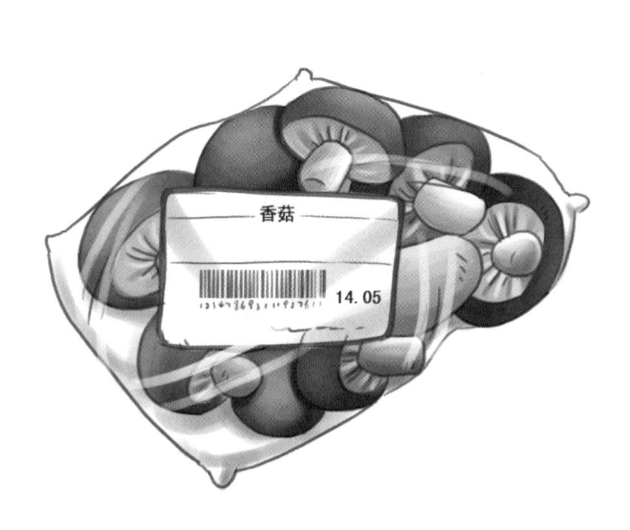

条码上数字代表的内容和条纹表达的内容是一致的。

为什么电脑也会“生病”

“我的电脑中毒了！”你有听到爸爸妈妈这样抱怨过吗？你会不会好奇，难道电脑跟我们人类一样，会感染病毒而“生病”吗？

电脑“生病”的原因

电脑的内部构造十分精密，如果电脑过度劳累或受到意外伤害，它也会“生病”，出现故障从而“罢工”。

此外，操作不当也会引起电脑死机；还有，感染病毒是导致电脑“生病”的最大元凶。我们所说的电脑病毒，其实是一种人为设计的具有破坏性的程序和指令。

“阴险”的病毒

电脑病毒很“阴险”，电脑一旦感染上病毒，就不再听从你的指挥了，病毒甚至会破坏电脑中的程序和文件，使电脑无法正常工作。

保护好你的电脑

为了防止电脑感染病毒，首先就要做好预防工作。不要使用来路不明的软件。同时也要给电脑打一些“疫苗”——防毒杀毒软件。

为什么火车要在钢轨上行驶

火车总是沿着长长的铁轨行驶，所以被人们称为“钢铁长龙”。可是，它为什么一定要在钢轨上行驶呢？

钢轨的作用

钢轨一是经得住火车的重压；二是车轮在光滑的钢轨上滚动，阻力减少。这样，火车行驶既能节省燃料，又提高了速度。

在钢轨上行驶的原因

火车车身很重，如果直接在石子路或水泥路上行驶，就会使路面下陷。用了钢轨和枕木，就能降低火车对地基的压强。而且车轮与钢轨有着固定关系，火车能顺着钢轨的方向行驶，使火车的操纵更为简单。

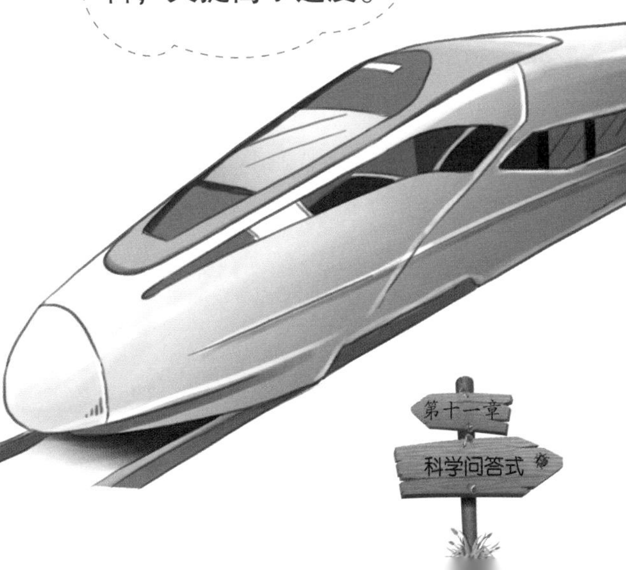

测谎仪为什么能测谎

哇哦，你说谎了吗？我带你去试试测谎仪，一试就知道你是不是在说谎了。这个测谎仪，真有这么神奇吗？

测谎仪的组成

现代测谎仪由传感器、主机和微机组成。传感器采集人体的信息；主机是电子部件，将采集的模拟信号处理转换成数字信号；微机将输入的数字信号，进行存储、分析，得出测谎结果。

测谎仪原理

一个人在说谎时，会出现一些生理变化，如心跳加快、呼吸急促等。测谎仪就是通过被测者的这些细微反应，来辨别被测者是否说谎。

第十二章

科学实验室

小朋友们，你们知道吗？只要掌握一些科学原理，除了学校，我们自己也能建立一个科学实验室哦。现在，就让我们利用身边常见的东西，一起来动动手吧！

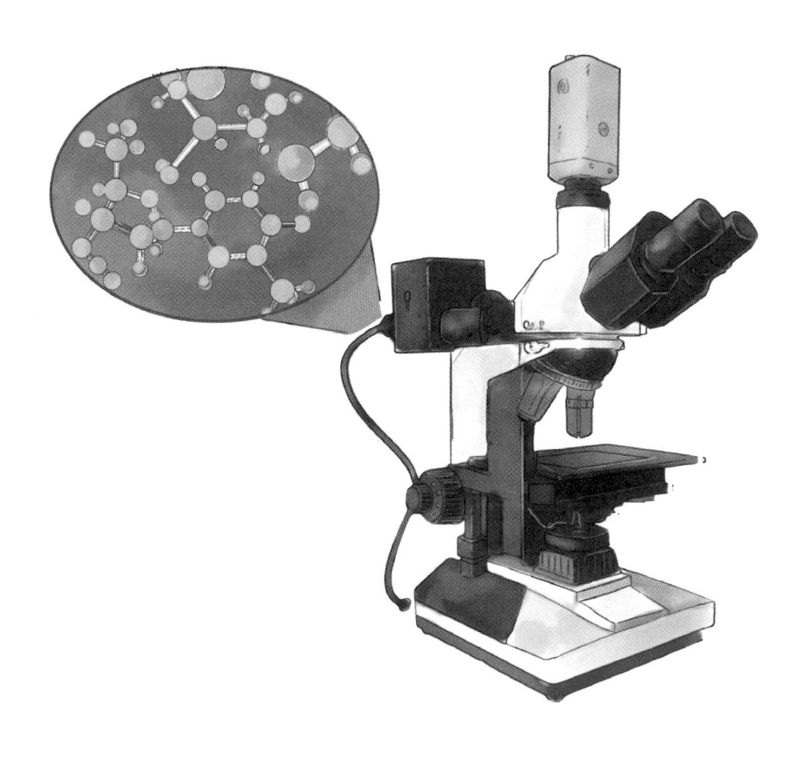

被“折断”的铅笔

准备材料：透明玻璃杯，水，铅笔。

实验过程：把玻璃杯装满水，然后把铅笔放进水里。透过玻璃杯，你会发现，原本笔直的铅笔在水中像是被折断了一样。

实验原理

光线透过玻璃杯照在水里的铅笔上，经过了四种介质——空气、玻璃、水和铅笔。这四种东西性质完全不同：玻璃和铅笔是固体，水是液体，空气是气体。它们有的是透明的，有的是非透明的，密度更是相差很大，所以光线经过它们时，路线和角度都会发生改变，因此我们看到的铅笔就像是被“折断”了一样！

准备材料：放大镜，纸片。

实验过程：将纸片放在阳光下，再用放大镜把阳光聚拢成一个非常亮的小光点照射到纸片上。几秒钟之后，纸片开始冒烟，就像是被火点燃了一样。

实验原理

放大镜的四周扁平中间凸起，起到了聚光的作用。

当有热量的阳光被放大镜“收集”在一起的时候，阳光的热量也被聚拢了，聚拢的越多，温度也就越高，一旦达到了燃点，纸片就会被“点燃”。

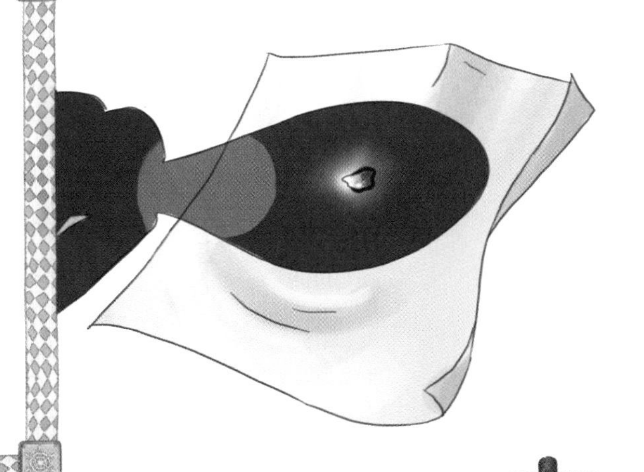

会“魔术”的 镜子

准备材料：镜子

实验过程：在阳光充足的地方将镜子对着墙壁调整角度，墙壁上就会出现非常明亮的光斑，它能随着你调整镜子的角度而发生改变，或扩大或缩小，还能随着你的移动而移动。

实验原理

其实镜子并不会变魔术，它只是反射了阳光。当阳光照射到镜子上时，镜子会将阳光反射到墙壁上。如果我们移动镜子，墙上的光斑也会跟着移动。

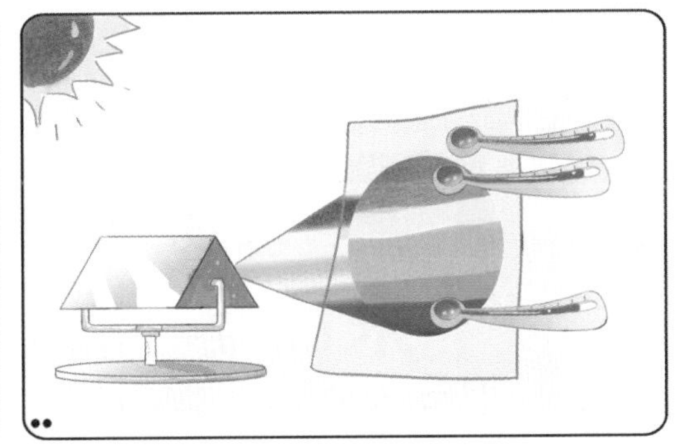

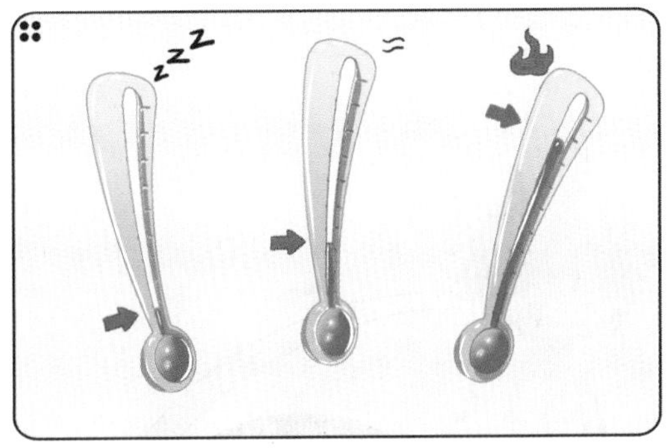

准备材料：一个三棱镜，一张白纸，三支温度计。

实验过程：将三棱镜放在阳光下，“制造”出一个彩虹。将温度计分别放在紫光区域、红光区域和红光区域边缘。一会儿之后，你会发现：第一个温度计好像睡着了一样，第二个温度计度数稍微增长了一点，第三个温度计温度爬升得最快。

实验原理

红光边缘温度计温度爬升最快是因为红外线含有热能。此外，红外线的波长很长，在医学中被广泛应用，如治疗风湿病等。

准备材料：黑白两块棉布，水，两支温度计。

实验过程：将黑白两块棉布用水打湿，然后分别包裹一支温度计，并同时放在阳光下晾晒。半小时后，你会发现，黑布里温度计的读数要高很多，而且黑布都快要变成干布了。

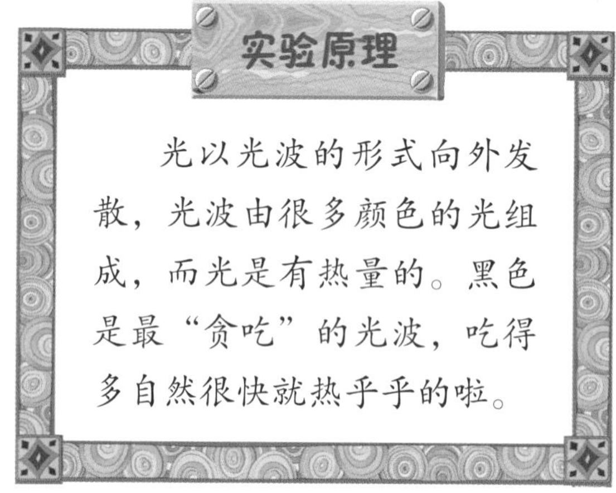

实验原理

光以光波的形式向外发散，光波由很多颜色的光组成，而光是有热量的。黑色是最“贪吃”的光波，吃得多自然很快就热乎乎的啦。

准备材料：七个玻璃杯，一根铁筷，水。

实验过程：将七个玻璃杯依次加量倒水，第一个杯子里倒一份，第二个杯子里倒两份，到最后一个杯子倒满。然后用筷子依次敲击玻璃杯。你会发现，水越少的杯子发出的声音就越高、越清脆，水越多的杯子声音就越低、越浑厚。

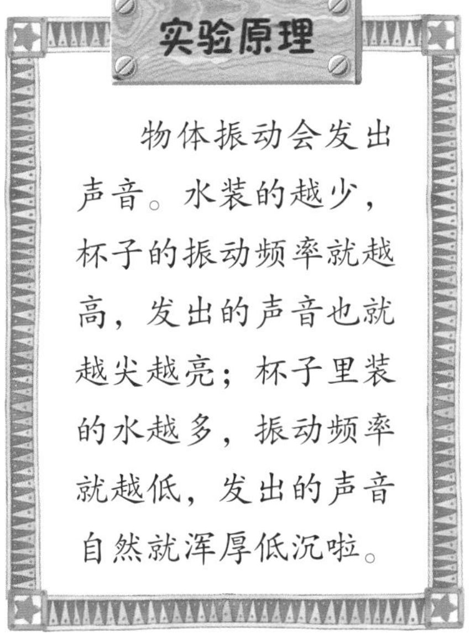

实验原理

物体振动会发出声音。水装的越少，杯子的振动频率就越高，发出的声音也就越尖越亮；杯子里装的水越多，振动频率就越低，发出的声音自然就浑厚低沉啦。

轻松制作“电话”

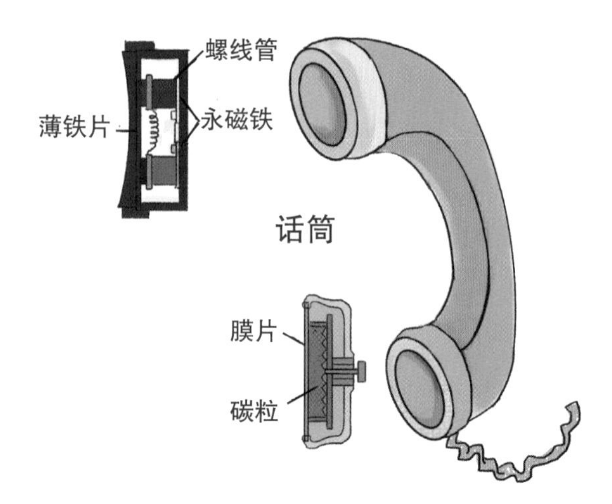

准备材料：两个纸杯，一条棉线。

实验过程：在两个纸杯杯底各钻一个小孔，将棉线穿过小孔后打结，确保棉线不会滑出来。跟你的小伙伴一人拿一个杯子，然后分开一段距离，直到棉线绷直，而且不能碰上障碍物。让对方对着杯子说话，你会清楚地听到小伙伴说的话。

实验原理

电话是通过话筒里的铁片振动来传递声音的，这个实验就是做了一个简易的“电话”，通过棉线的振动来传递声音。

好烫的金属汤勺

准备材料：热水，一个杯子，一个金属勺，一个木勺，一个塑料勺。

实验过程：将三个勺子同时放入50℃左右的热水中，记得要露出勺柄哦。两分钟后，分别摸一下它们的勺柄，你会发现，金属勺子的温度最高，几乎和水温差不多；其他两个勺子的温度变化都不大。

实验原理

金属传递热量的速度是最快的。金属是由原子构成的，而在原子身边又有几个电子围绕着它们，当周围温度升高时，那些电子运动速度会加快，传递热量的速度也会加快。而木头或塑料等物质是由分子组成的，它们传递热量的速度就慢多啦。

图书在版编目（CIP）数据

科学技术 / 九色麓主编 . -- 南昌 : 二十一世纪出版社集团 , 2017.6
（奇趣百科馆 ; 5）
ISBN 978-7-5568-2697-1

Ⅰ. ①科… Ⅱ. ①九… Ⅲ. ①科学技术－少儿读物Ⅳ. ① N49

中国版本图书馆 CIP 数据核字 (2017) 第 114752 号

科学技术　　九色麓 主编

出 版 人	张秋林
编辑统筹	方　敏
责任编辑	刘长江
封面设计	李俏丹
出版发行	二十一世纪出版社（江西省南昌市子安路 75 号　330025） www.21cccc.com　cc21@163.net
印　　刷	江西宏达彩印有限公司
版　　次	2017 年 7 月第 1 版
印　　次	2017 年 7 月第 1 次印刷
开　　本	787mm×1092mm　1/16
印　　数	1-8,000 册
印　　张	9.75
字　　数	78 千字
书　　号	ISBN 978-7-5568-2697-1
定　　价	25.00 元

赣版权登字 —04—2017—369